国家重大出版工程项目

Principes des techniques de biologie moléculaire

图解常用分子生物学原理

第2次修订补充版

D. Tagu，C. Moussard　编著
康定明　主译
陈章良　审校
（根据英文版翻译）

Ouvrage publié avec le concours du Ministère
français chargé de la Culture - Centre national du livre
本书中文版本的出版得到了法国文化部—国家图书中心的资助。

中国农业大学出版社

图书在版编目(CIP)数据

图解常用分子生物学原理/(法)塔格(Tagu,D.),(法)穆萨德(Moussard,C.)编著;康定明主译,陈章良审校.—北京:中国农业大学出版社,2008.11

书名原文:Principes des techniques de biologie moléculaire

ISBN 978-7-81117-272-0

Ⅰ.分… Ⅱ.①塔…②穆…③康…④陈… Ⅲ.分子生物学 Ⅳ.Q7

中国版本图书馆 CIP 数据核字(2008)第 010008 号

Principes des techniques de biologie moléculaire

by Tagu D., Moussard C.

2ème édition revue et augmentée

Published by arrangement with INRA Paris and translated from the English version published in 2006 by Science Publishers

INRA Paris, 2003

ISBN 2-7380-1067-9

著作权合同登记图字:01-2007-0495 号

书　名 Principes des techniques de biologie moléculaire

图解常用分子生物学原理

作　者 **D. Tagu, C. Moussard** 编著

康定明 主译

陈章良 审校

策划编辑 宋俊果　　**责任编辑** 冯雪梅

封面设计 郑　川　　**责任校对** 王晓凤　陈　莹

出版发行 中国农业大学出版社

社　址 北京市海淀区圆明园西路 2 号　　**邮政编码** 100193

电　话 发行部 010-62731190,2620　　读者服务部 010-62732336

编辑部 010-62732617,2618　　出　版　部 010-62733440

网　址 http://www.cau.edu.cn/caup　　**e-mail** cbsszs@cau.edu.cn

经　销 新华书店

印　刷 涿州市星河印刷有限公司

版　次 2008 年 11 月第 1 版　2008 年 11 月第 1 次印刷

规　格 787×1 092　16 开本　11.5 印张　204 千字

印　数 1～2 500

定　价 50.00 元

作者信息

D. Tagu, INRA Rennes, UMR INRA /AGROCAMPUS BiO3P BP 35327, 35653 Le Rheu cedex, 法国

C. Moussard Service de Biochimie Médicale, Faculté de Médecine Place Saint-Jacques, 25000 Besançon, 法国

中文版前言

在高校多年的《分子生物学》教学实践中，我一直习惯用不同类型的图例来讲解其中的概念和原理，也经常指导同学用直观的图例增强记忆和理解，帮助同学们把看似死板枯燥的分子生物学书本知识与形象有寓意的图例联系起来。这样，在锻炼同学空间想像思维能力的同时，也使得非常抽象、生活中难以触及的分子生物学知识在同学们的大脑中较容易地以图例的形式记忆下来，得到了多届同学的好评，帮助了他们分子生物学的学习。因此，我早想能有一本以图例的形式把分子生物学知识更加形象地描述讲解出来的读本，以帮助对分子生物学有兴趣的同志在学习分子生物学及其技术时参考。在国外参加会议期间，我发现这本书正好符合了这方面的要求。因此，决定组织力量将其翻译出版，贡献给国内的读者。

本书是 2006 年英文版《Techniques for Molecular Biology》的翻译，英文版是 2003 年法文原版《Principes des techniques de biologie moléculaire，2ème édition revue et augmentée》的译本。全书分为 8 个部分有 57 项。书中内容涵盖了分子生物学技术最基本的概念知识，以及常用技术和近些年热点研究领域如基因功能分析技术中的基因标签技术、酵母双杂交系统、基因敲出技术和 RNAi 技术，以及基因组多态性研究技术中的 SNP 标记、SSR 标记等常用技术。本书的特点是几乎对每项技术的原理讲解都配了简洁的图例，使得读者对常常感到看不见摸不着的深奥的分子生物学理论和原理有了比较直观的认识，并且更加容易理解。掌握了这些分子生物学技术的概念和原理后，在自己的学习和研究中，就能够方便地找到解决问题的方向和准备具体方案。

本书适合于对分子生物学知识和技术有兴趣的学生和相关研究人员，以及从事有关分子生物学技术学习和研究的大中专学生、研究生和专业技术人员。

参加本书翻译的研究生有王燕冰、张海燕和兰阿峰等同学。全书由康定明教授统稿整理。

陈章良

2008-7-8

目　录

I

定义

图解 1

真核生物基因的结构与表达

真核生物基因由调控序列与编码序列组成。调控序列作为信号起始或终止RNA聚合酶的转录。其中一些被蛋白质识别的调控序列(如TATA启动子盒)被称为“通用转录因子”。在转录过程中,它们帮助RNA聚合酶Ⅱ起始转录及延伸。

另一些被“特异转录因子①”识别的DNA序列,具有调控基因表达空间位置(依据细胞类型)、时间顺序(在发育阶段中)或者响应逆境表达的作用。这些蛋白质在DNA链的转录起始或终止中起作用。

DNA编码链中的基因包括内含子和外显子,这两种类型的序列都被转录,但内含子在随后mRNA链的加工过程中被剪切掉。mRNA首先在5′端和3′端被修饰,即5′端加帽子,3′端加尾巴,在转运到细胞质之前又剪切掉内含子。在细胞质中,mRNA与核糖体相结合,在tRNA(转移RNA)的参与下,mRNA被翻译成相应的多肽。

---

①在编码序列的上下游发现它们。

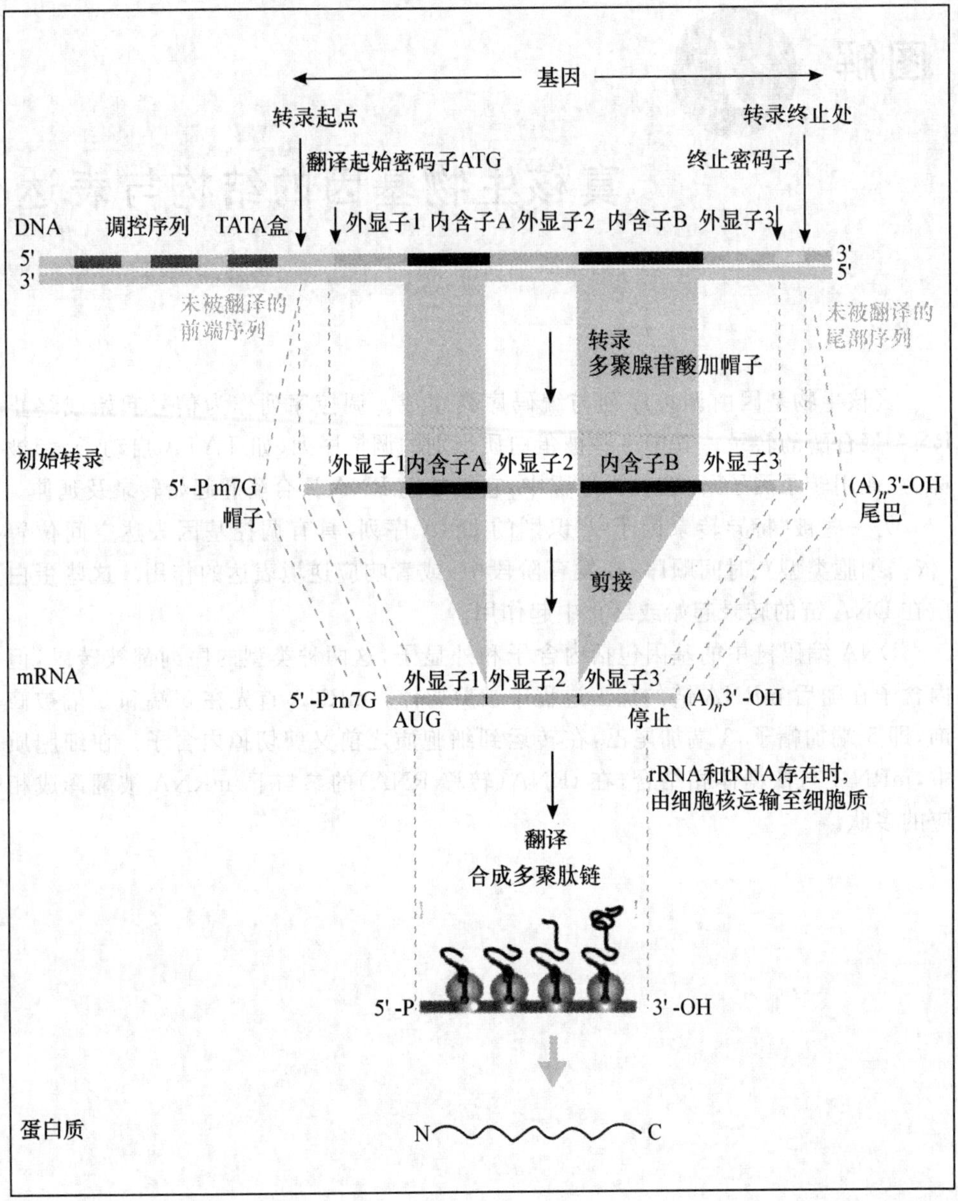
基因
转录起点
转录终止处
翻译起始密码子ATG
终止密码子
DNA
调控序列
TATA盒
外显子1
内含子A
外显子2
内含子B
外显子3
5'
3'
3'
5'
未被翻译的
前端序列
未被翻译的
尾部序列
转录
多聚腺苷酸加帽子
初始转录
外显子1
内含子A
外显子2
内含子B
外显子3
5' -P m7G
帽子
(A)n3'-OH
尾巴
剪接
mRNA
外显子1
外显子2
外显子3
5' -P m7G
(A)n3' -OH
AUG
停止
rRNA和tRNA存在时,
由细胞核运输至细胞质
翻译
合成多聚肽链
5' -P
3' -OH
蛋白质
N
C

Denis Tagu

图解 2

基因组相关参数

参数

- 每 2C 核中 DNA 的量:大约 1 pg(1 pg=10^{-12} g)
- DNA 总长度:表达的单位为:碱基对(bp),千碱基对(kbp),兆碱基对(1 Mb=10^6 bp)。
- G+C 的百分含量:胞嘧定和鸟嘌呤在 DNA 序列中的含量。
- DNA 的直径:20Å。一条 DNA 链的长度含有的物质为 $193/6\times10^{23}$ g。
- 1 个碱基对含有的物质为 660/N 或 $660/6\times10^{23}$ g。

不同物种的基因组大小

- 病毒(DNA 或 RNA 病毒):含 $10^3\sim10^5$ bp,或长 100 μm 的展开链。
- 细菌:含 $10^6\sim10^7$ bp;长大约 1 mm。
- 酵母:1.2×10^7 bp。
- 高等植物:

——细胞核:$10^8\sim10^{10}$ bp,约 1 m 长,倍性一般 $2n$,遵循孟德尔遗传规律。

——线粒体:$1.8\sim6\times10^5$ bp,长度变化很大,倍性不定,属细胞质母性遗传。

——叶绿体:1.5×10^5 bp,长 50 μm。细胞中叶绿体的倍性变化是 10 的倍数,每个细胞大约 10~100 个叶绿体,属细胞质母性遗传。

- 人类:

——细胞核:3×10^9 bp,长约 1 m。

——线粒体:$16\sim20\times10^3$ bp。

核基因组序列①的三种类型

- 简单序列:指单倍体的基因组中一些单一的或拷贝很少的基因序列(指作为一个小的多基因家族,如:编码禾本科作物的保守蛋白基因)这些序列包括编码蛋白的基因。

---

①根据 Francis Quétier。

● 中度重复序列:每个基因拷贝约1 000～10 000倍的重复。它们包括一些编码核糖体rRNA,tRNA及部分蛋白质的基因。

高度重复序列:10万～100万倍的重复,这些序列不是基因,可以或也可以不被转录,其功能不清楚(如卫星DNA)。

目前已公开的一些基因组数据

许多单核和真核生物的基因组已测序或正在进行测序表。下表给出一些基因的参数:

		大小(bp)	基因数
真细菌	根瘤土壤杆菌	$4.8\cdot10^6$ g	4 554
	枯草芽孢杆菌	$4.2\cdot10^6$ g	4 100
	布氏杆菌	$0.6\cdot10^6$ g	564
	粪肠球菌	$3.2\cdot10^6$ g	3 334
	大肠杆菌	$4.6\cdot10^6$ g	4 288
	流感嗜血杆菌	$1.8\cdot10^6$ g	1 709
	幽门螺杆菌	$1.6\cdot10^6$ g	1 566
	乳酸乳球菌	$2.3\cdot10^6$ g	2 566
	单胞李斯特氏单孢菌	$2.9\cdot10^6$ g	2 855
	生殖道支原体	$0.5\cdot10^6$ g	480
	铜绿假单孢菌	$6.2\cdot10^6$ g	5 565
	伤寒沙门氏菌	$4.8\cdot10^6$ g	4 600
	苜蓿中华根瘤菌	$6.7\cdot10^6$ g	6 204
	天蓝色链霉菌	$8.6\cdot10^6$ g	7 848
	苛养木杆菌	$2.6\cdot10^6$ g	2 766
		$4.6\cdot10^6$ g	4 008
古细菌	嗜热古菌	$4.6\cdot10^6$ g	2 694
	甲烷杆菌属	$1.7\cdot10^6$ g	2 407
	嗜盐古菌	$2.0\cdot10^6$ g	2 058
	甲烷杆菌	$1.7\cdot10^6$ g	1 869
	詹式甲烷球菌	$1.6\cdot10^6$ g	1 715
	火棒菌属	$2.2\cdot10^6$ g	2 605
	嗜热球菌	$1.7\cdot10^6$ g	1 765
	嗜超高温古菌	$2.9\cdot10^6$ g	2 977
	嗜酸热原体	$1.5\cdot10^6$ g	1 478

		大小	染色体数	基因数
真核生物	拟南芥	$125\cdot10^6$ g	5	25 000
	秀丽广杆线虫	$97\cdot10^6$ g	6	19 000
	黑腹果蝇	$140\cdot10^6$ g	4	13 600
	兔脑炎原虫	$2.9\cdot10^6$ g	11	1 997
	人类	$3\,100\cdot10^6$ g	21	35 000
	水稻	$420\cdot10^6$ g	12	40 000
	酿酒酵母	$12\cdot10^6$ g	16	6 100

编码链和非编码链的定义

DNA 由两条互补且相反的平行链组成。在转录成 RNA 的过程中，只有一条链在 RNA 聚合酶的作用下发挥模板作用。RNA 链与模板 DNA 链互补，这个与 RNA 链互补的模板 DNA 链被称为反义链；另一条链与 RNA 有相同的序列，称有义链。与有义链序列相同的 mRNA 链被阅读并被解码成蛋白质，这一过程叫作翻译。相应地，与 RNA 相同的 DNA 链称为编码链；书写时，从起始的 5′端到 3′端书写与编码链相一致的基因序列。

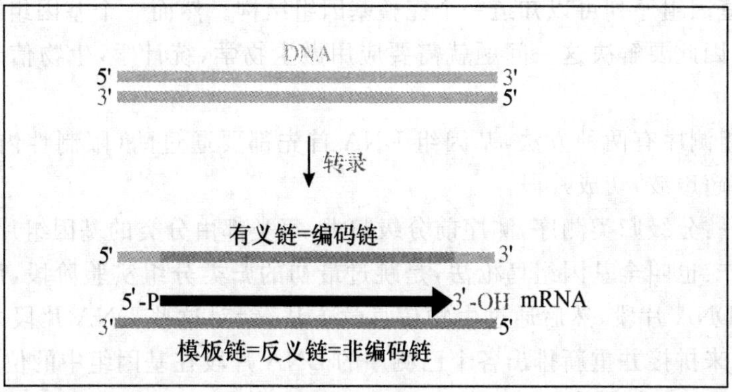

Denis Tagu

图解 3

基因组测序

通过基因组序列可以知道一个完整基因组结构。然而一个基因组有几百万的碱基序列,因此要解决这一问题就需要应用微生物学,统计学,生物信息学等多种方法。

基因组测序有两种方法,基因组 DNA 首先都要通过酶(限制性内切酶)或物理方法(如超声波)切成片段。

方法一:分级归类测序,测序前分级归类,每类都由分类的基因组片段组成。

方法二:也叫全基因组鸟枪法,是跳过最初的归类分组实验阶段,而直接测序任意组的 DNA 片段,然后通过生物信息学方法,针对这些 DNA 片段之间共同的重叠序列,来拼接并重新排出各个已测序的 DNA 片段在基因组中的位序。

方法一:分级归类测序

提取 DNA 后,将其切成片段,一般通过超声波法,切成可操作的单元(如:用大的载体可以被克隆的片段)50～200 kb,在载体中将其克隆,如细菌人工染色体(BACs,见图解 8);克隆的数量一定要大,即达到总基因量的 5～10 倍。这些克隆的基因组片段然后通过特定探针(分子标记)杂交或限制性内切图谱分析或 BAC 末端(500～600 bp)杂交和测序后排序,在这些克隆片段(基因组片段)被排序后,选取单个克隆再打断成短的,可测序片段,然后由统计学方法来拼接和排列成基因组序列(比对排列)。

分级归类测序方法有两个优点:(1)这个方法很容易根据物理图谱和遗传距离图谱获取数据,或者由 BACs 的重叠来拼接基因组序列。(2)方便多个实验室合作共同测序,每个实验室可以作染色体的一部分。主要缺点是重复序列的拼接很困难。

方法二:全基因组鸟枪法

该法是将基因组 DNA 打成小片段采用“磨盘滚动式”测序,是私人公司 Celera

Genomic 在细菌基因组测序中发展起来的，随后应用在果蝇基因组测序中，最终在人和老鼠的基因组测序中得到应用。主要步骤如下：编辑 2～3 个大小不同的随机 DNA 片段文库。测出大量的克隆片段序列然后拼接。全基因组序列是通过拼接和重新组装得到的。

该方法以快速、低消耗而优于第一种方法。缺点是拼接时问题重重，尤其是遇到高度重复序列时更难办，哺乳动物基因组就是典型的例子。

测序和拼接

在两种方法之前，DNA 片段用同样的方法拼接和测序。测序原理是基于 Sanger 法（见图解 23）。全基因组测序要求特别高效的 DNA 测序工作者，而且要借助机器人助手才能自动完成成千上万的如同自动化的移液工作和酶反应工作。

在最原始的序列数据得到后，序列必须被拼接成最初序列。因此得到的所有序列必须是有秩序的，按照重叠端所指示的位序一个一个地排列好，即片段端部含有一部分一样的核苷酸链（除了序列错误外），两个序列的重叠是毗连的，并形成一个"毗连群"（contig），由此确认两个或多个重叠片段，这个工作的目标就是把要分析的一个染色体的每个毗连群按 DNA 分子的真实顺序拼接起来。错误率可以达 1%，应该说这是一定的（比如在重复区段），这部分是很难测序和拼接的。100%地重新组装和拼接一个完整基因组序列是非常耗时耗力，而且花费也很大。为此，一些基因组的测序过程所得的结果，只能称之为"工作草图"。

注释

基因注释是最后一步，基于序列比对和统计学校正研究，这个工作包括(1)定位编码区域（基因）；(2)确定转录方向；(3)利用基因结构和功能决定编码蛋白质；(4)鉴定基因家族（相似型①）。

Frédérique Barloy-Hubler

①对于一个确定的基因组中的基因，表现出一个很高的相似性，而且很可能来自一个单个先祖的基因，被称为相似体（paralogue）。

Ⅱ

载体及克隆

图解 4

限制性内切酶

限制性内切酶源自细菌，其特殊之处在于能在特异的位点将双链 DNA 切开，因此称为核酸内切酶。每一个限制性内切酶能识别并切开一个特定的核苷酸序列。内切酶以分离它的细菌的属名和种名来命名。

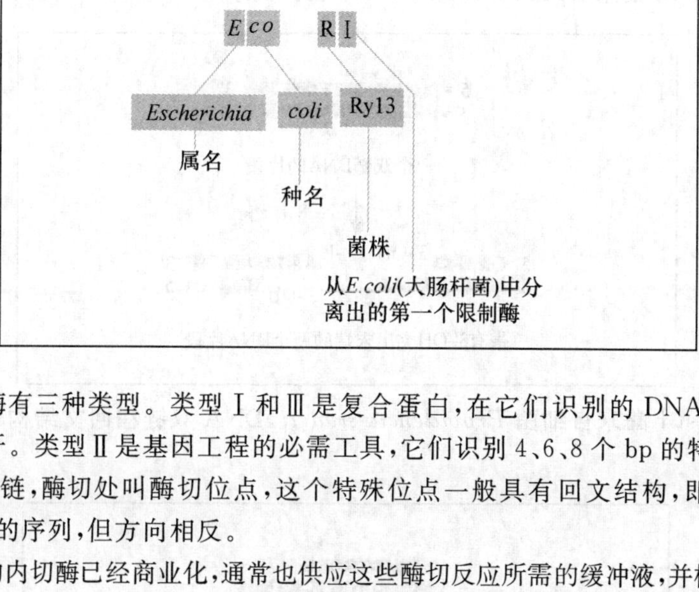

内切酶有三种类型。类型Ⅰ和Ⅲ是复合蛋白，在它们识别的 DNA 双链外的位点处切开。类型Ⅱ是基因工程的必需工具，它们识别 4、6、8 个 bp 的特定位点并切开 DNA 链，酶切处叫酶切位点，这个特殊位点一般具有回文结构，即在两条链上，有相同的序列，但方向相反。

大量的内切酶已经商业化，通常也供应这些酶切反应所需的缓冲液，并标明酶活性的最佳反应温度。一个单链 DNA 片段可以被 2 种不同的内切酶酶切，如果这两种酶发挥功能时的条件相似(盐浓度、pH 值、温度)，这两种酶就可以同时加入反应混合液中进行酶切 DNA。如果条件不一致，那就要分别进行，在每个酶切反应时，改变反应条件。

内切酶在 DNA 序列中切开 DNA 链的两种情况：

- 平末端(钝末端)切口：在 DNA 两条链的同一个位点切开，切口成平齐末端。

如：HaeⅡ酶，是来自于 *Haemophilus aegyticus* 菌，切 DNA 链时，在 GG/CC 序列处切开。

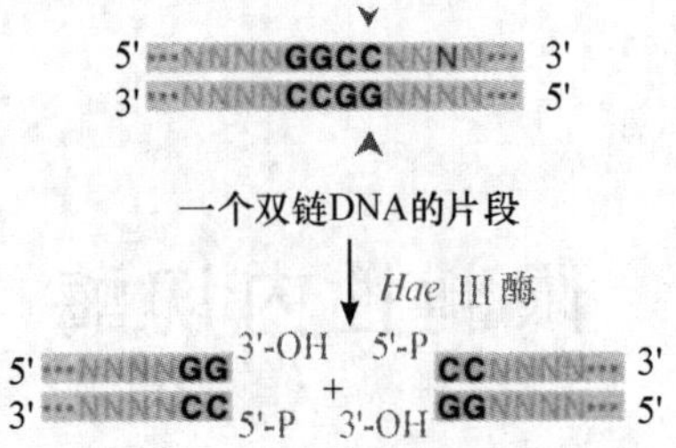

平末端切开后产生的两个DNA片段

● 缺口末端(粘末端)切口:将 DNA 双链的一条链切开后,另一条链,在互补序列处切开,从而形成粘性末端。

如:Eco RⅠ 酶来自细菌 *Escherichia coli*,在回文序列 G/AATTC 处切开双链。

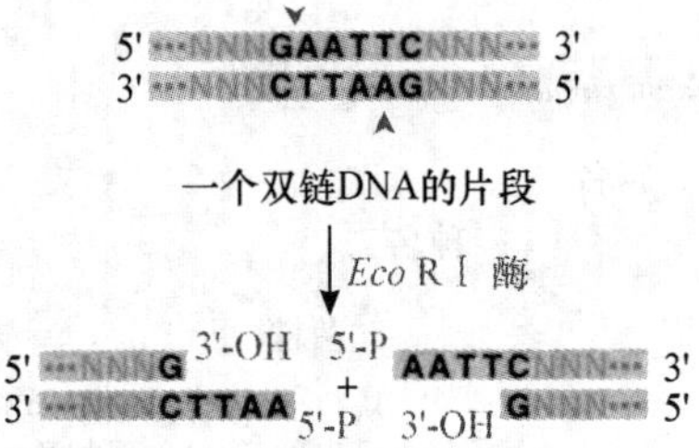

带有3'-OH突出末端的两个DNA片段

——Pst Ⅰ酶来自细菌 *Providencia stuarti*,DNA 双链在回文结构 CTGCA/G 处被切开。

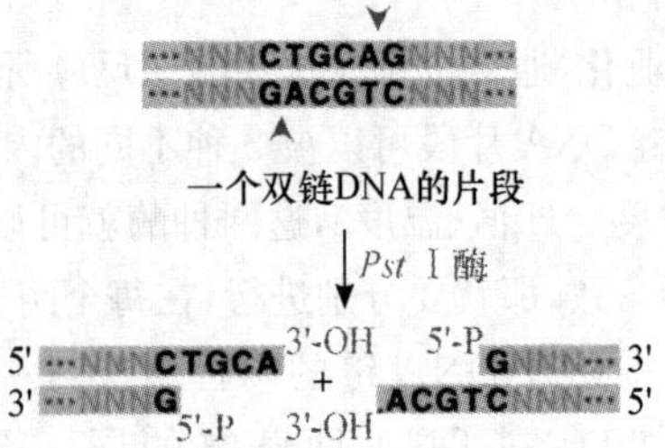

带有3'-OH突出末端的两个DNA片段

图解 5

核酸电泳技术

内切酶将DNA分子切成一些限制性片段。被内切酶切开的DNA混合片段样品点在胶板的一端上，然后将胶板置于电场中。这些DNA片段可以按照大小通过琼脂糖或聚丙烯酰铵凝胶分离开。

DNA分子（带负电荷）在电场中移动到正极，它们在琼脂糖或聚丙烯酰胺凝胶介质中移动时，按大小不同而被分离。与小片段相比，大片段移动得慢，所以距样孔较近。与琼脂糖凝胶电泳相比聚丙烯酰胺凝胶有很强的分离能力。然而聚丙烯酰胺凝胶制备麻烦，而且有毒。

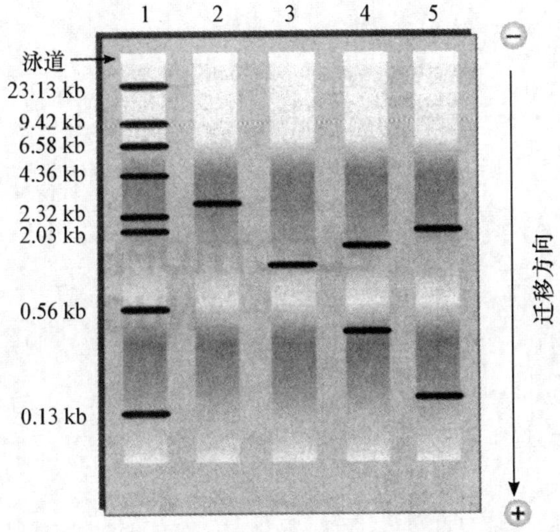

样品在泳道中沉淀。DNA片段在迁移后，片段的大小可通过与已知大小的片段（分子重量标记，泳道1）的迁移距离作对比而得出。分子质量标记的大小在左侧表明（噬菌体λDNA经*Hind*Ⅲ酶解后的结果)kb，kilobase

电泳完毕为了看到DNA片段，要将胶板浸入溴化乙锭[1]溶液中，这个分子插入到核苷酸分子碱基之间，在紫外光的照射下发出橘红色荧光。所以，在紫外灯下，可以观察到与溴化乙锭结合的DNA样品。由于DNA分子的移动距离与其碱基对数量成比例，所以可以与已知大小的DNA片段（分子大小标记）进行比较，从而获得DNA酶切后的限制片段大小。也有一些专门的分子标记用来估计双链DNA片段的数量。

有时，还用放射性同位素标记被分离的片段。同位素可以通过放射自显影[2]被检测。同位素通过释放能量利用感光胶片获得图像。

DENIS TAGU

①溴化乙锭是危险的突变剂，必须小心处理（戴手套，穿工作服，以及废液特殊处理）。

②现在用于放射自显影的感光胶片获取图像方法，正在被数字图像扫描获取图像法取代。

图解 6

质粒和噬菌体质粒

质粒和噬菌体质粒都是从细菌上开发得到，已被广泛用于任何生物的基因片段操作，如通过限制性内切酶（见图解 4），PCR（见图解 24）及分子克隆（见图解 9）等方法。

质粒（pUC 类型）

质粒是细菌染色体外环状 DNA 双链分子（3～10 kb），可以独自进行自我复制，并从一个细菌细胞转移到另一个细菌细胞中。质粒能在寄主菌体中增殖（独立于细菌染色体），因此可以大量纯化得到。基因工程使用的质粒是将自然质粒经改良而成，其基因组特点如下：（1）自我复制；（2）遗传标记或转化细菌用的筛选标记（抗一种抗生素的基因或编码乳糖酶的基因组（β-galactosidase，也就是 lacz 基因）；（3）一个多接头位点：多接头位点是一段连续序列能够被多种内切酶识别与酶切，这些位点具有唯一性（即它们在整个质粒序列中只出现一次），用于接受外源 DNA 片段（见图解 9）。4～10 kb 的外源 DNA 分子能很容易地整合到这些质粒载体中，而太大的 DNA 分子是较难被质粒整合的。

噬菌粒（phagemid）（Bluescript 类型）

噬菌粒是质粒与噬菌体分子杂交产生的，是环状双链 DNA，但可以在特定条件下转变成单链 DNA 形式。它们有一个复制原点，至少有一个抗生素基因，一个多接头位点，一段来自噬菌体 M13 的序列，该序列含有复制原点，这样就可能得到单链 DNA（通过与一个帮助噬菌体的共转染得到）。一般情况下，被 RNA 聚合酶识别的启动子是置于多接头位点的上游或下游，以便能够在离体转录时转录出 RNAs。约 4 kb 的 DNA 片段可以进入这样的载体，10 kb 的片段有的也可以整合到噬菌粒中。

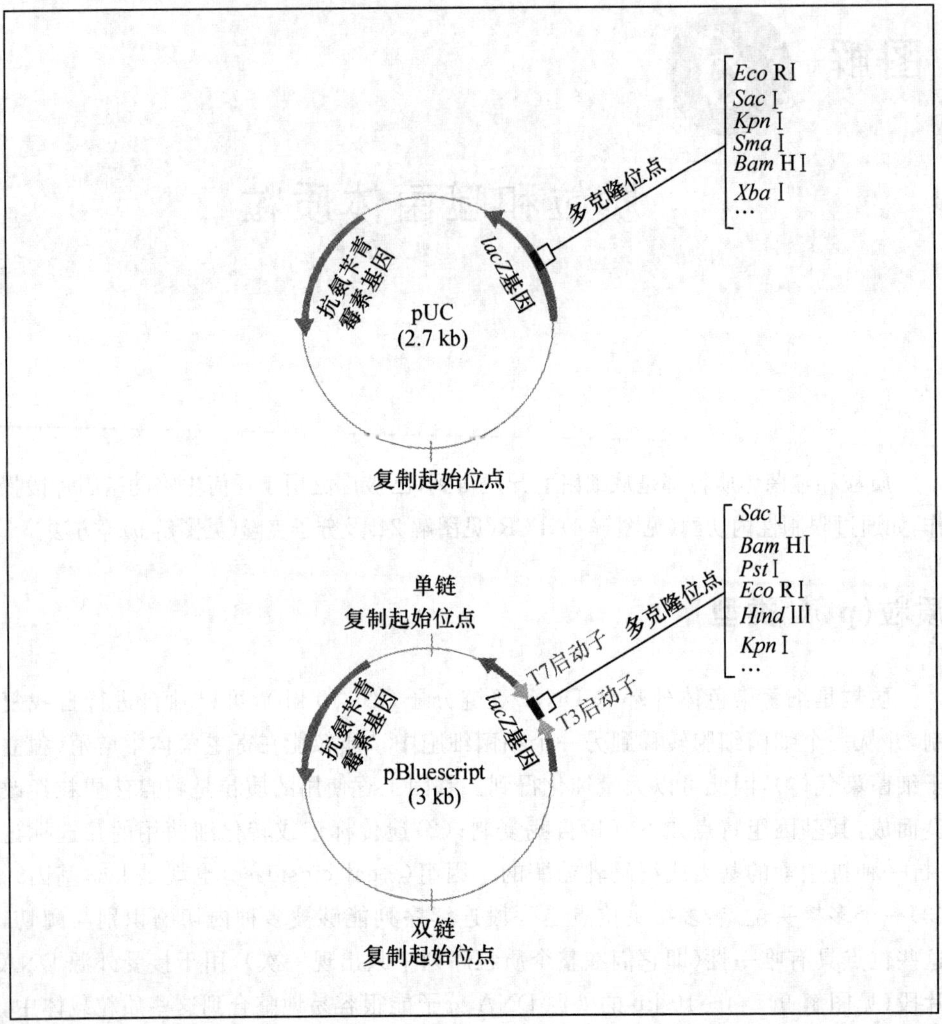

Laurence Damier and Denis Tagu

图解 7

噬菌体和考斯粒

细菌噬菌体与考斯粒(cosmid)像质粒一样,也可作为克隆载体,尤其在构建基因文库中使用它们(见图解 14 和 15)。它们能整合比质粒更大的 DNA 片段。

细菌噬菌体

细菌噬菌体(或叫噬菌体)是细菌病毒,应用最广泛的就是 λ 噬菌体,它具有双链直线 DNA,约 50 kb,具有粘性末端(cos 序列)保证它们在感染细菌后形成环状,其 DNA 外有蛋白外壳组装。细菌被噬菌体感染过程中,噬菌体攻击细菌外壁,并将自身 DNA 释放到细菌体内。噬菌体 DNA 在细菌内要自我复制很多次,这些新合成的 DNA 分子在细菌体内又指导合成新的噬菌体外壳蛋白,并包装噬菌体 DNA,组装成新的病毒粒(virion)。这些细菌细胞溶解,释放出成千上万的与原来噬菌体一样的噬菌体,又浸染相邻的其他细菌。

噬菌体载体与一般细菌质粒载体相比,优点是它能装载更大的外源 DNA 片段(一般质粒载体只能接受 4～10 kb,而噬菌体载体平均能接受 20 kb),然而,由于 DNA 分子太大,体外操作也变的困难。

实际上,在构建 cDNA 和基因组库中常用噬菌体为载体(见图解 14,15)。当我们确定研究一个克隆时,噬菌体质粒 DNA 可被纯化,然后将抽提纯化好的待插入外源 DNA 片段整合到噬菌体质粒载体就很容易操作,这也叫亚克隆(见图解 9),用 PCR 方法进行亚克隆会更简单(见图解 24)。

考斯粒(Cosmid)

考斯粒就是一个噬菌体质粒(有复制原点,标记基因,多克隆位点),只是插入了 cos 序列,cos 序列是 λ 噬菌体颗粒组装所必需的。外源 DNA 只有在 35～45 kb 大小的才能整合到考斯粒。连接了一个已线形化的考斯粒后,再连接适宜大小的外源 DNA 片段(见图解 9),这样重组 DNA 分子就能够被包装成一个噬菌体,然后用于感染细菌,一旦进入细菌体内,因为它们没有产生新噬菌体颗粒所需的新基因,考斯粒就能像一个质粒一样复制。考斯粒主要用于构建基因组文库载体(见图解 14)。

LAURENCE DAMIER AND DENIS TAGU

图解 8

YAC（酵母人工染色体）和其他大载体

在研究全基因组的整体结构特性时，需要使用能插入更大 DNA 片段的载体。在包含有全基因组后，就可以操作少量的重组载体。酵母人工染色体（YACs）和细菌人工染色体（BACs）就是可以整合 DNA 大片段的载体。

YACs 是将酵母染色体 DNA 序列重建后的载体。它有一个复制起始点（ARS，自主复制序列），一个中心体位点（CEN），端粒序列（TEL），这样就使得 YACs 一旦以线形化形式进入酵母后就如同染色体一样。有几个编码酶的选择基因，可以对已并入了可育载体（例如 TRP1 和 URA3①）的酵母进行筛选。定位在 SUP4 基因②的一个单克隆位点，允许外来 DNA 整合，和重组载体的筛选。实际上，插入的 DNA 片段打破了 SUP4 基因，这个基因也是用于对已进入了重组载体的呈粉红色的菌株进行检测，该载体在酵母体内繁殖。

对于非常大的外源 DNA（150～1 000 kb）片段，也能整合到 YACs 中。当前，最大的插入克隆片段是 2 900 kb。所以这些载体在片段复杂的基因组时是非常有用的工具，但同时也不稳定。

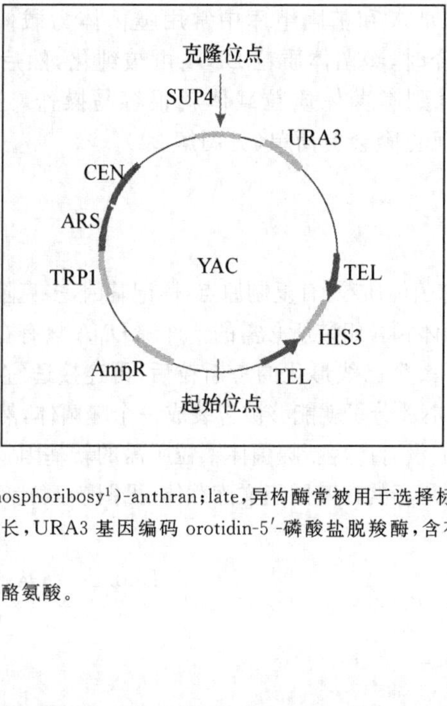

①TRP1 是编码 N-(5′phosphoribosy¹)-anthran;late，异构酶常被用于选择标记：含有这个基因的细胞能在含有色氨酸的培养基上生长，URA3 基因编码 orotidin-5′-磷酸盐脱羧酶，含有这个基因的细胞能在含有（尿嘧啶）的培养基上生长。

②SOP4 基因编码 RNA-酪氨酸。

还有些能整合大片段 DNA 的载体，如：细菌人工染色体(BACs)或由 P1 克隆产生的人工染色体(PACs)，这些载体和 YACs 一样，都能整合大 DNA 片段，BACs 的性质如同一大的质粒，而 PAC 更像处理类型 1 的大的细菌噬菌体。BACs 的使用越来越广泛：可与 YACs 进行比较，在 BACs 中克隆 DNA 更容易更有效。在 *E. coli* 中克隆比 yeast 更稳定，然而整合片段不能超过 300 kb。

载体	载体形式	宿主	插入大小	主要用途
质粒	环状双链 DNA	大肠杆菌	0.1～10	cDNA 文库，亚克隆
λ 噬菌体	病毒，线状双链 DNA	大肠杆菌	10～20	基因组和 cDNA 文库
考斯粒	环状双链 DNA	大肠杆菌	40	基因组文库
噬菌体质粒	质粒/噬菌体杂交	大肠杆菌	4～10	cDNA 文库，亚克隆
YAC	酵母人工染色体	酵母	200～1 000	基因组文库
BAC	细菌人工染色体	大肠杆菌	100～500	基因组文库
PAC	病毒，环状 DNA	大肠杆菌	80	基因组文库

LAURENCE DAMIER AND DENIS TAGU
with advice from DAVID BOUCHEZ

图解 9

分子克隆

克隆是基于将外源 DNA 片段插入载体(质粒、噬菌粒,细菌噬菌体,考斯粒、YAC,BAC,PAC 等),克隆载体 DNA 被识别单一位点的限制性内切酶切开(通常是在载体的多克隆位点),因为这一位点是唯一的,载体 DNA 被线形化,两末端能被限制性内切酶识别。

用载体线形化的相同内切酶将供体生物的外源 DNA 切开。这样我们就得到了拥有相同限制性内切酶识别序列末端的不同 DNA 片段。当一个切开的线形化的质粒与被识别相同位点的酶消化的供体 DNA 片段相遇时,粘性末端就会依碱基互补规律(A/T,C/G)进行杂交。此过程中,连接酶将外源 DNA 片段共价连接到质粒上。连接酶的作用是使得相邻的杂交的 DNA 片段和质粒的粘性末端的 5′-P 和 3′-OH 之间形成磷酸二酯键。这样质粒再次形成环状,如果成功整合了外源插入 DNA 片段,则这个质粒就称为重组质粒。

当用单一内切酶将质粒 DNA 和插入片段消化时,插入片段会没有方向性地被随机整合到质粒的任何一端。这样,外源 DNA 片段插入质粒的方向就一定要通过测序才能决定,比如重组质粒(见图解 23)。

在用一个单一酶切位点的内切酶切开质粒,再连接产生的克隆中,连接一般有两种情况:一是质粒和外源插入 DNA 分子的连接,另一方面也可能是质粒自身再重新自我连接成环状分子(自连),而没有把拟插入的外源 DNA 连接进质粒。为了促使连接时外源 DNA 片段的插入,从而增加重组质粒的数量,减少载体自身连接环化即自连,一般是通过碱性磷酸酶处理:即将线形化的质粒载体 DNA 的 5′-P 的磷酸基团完全消除掉,这样连接酶就不能够在脱磷酸化的质粒 DNA 酶切后两端催化形成磷酸二酯键,而能够在已脱磷酸化的质粒 DNA 的一端和插入片段的磷酸化端催化形成磷酸二酯键。

同时,也会发生一些罕见的情况,当质粒和外源 DNA 片段都被内切酶酶切,但产生的是平末端(图解 4),两种片段的连接过程原理是相同的,但是连接效率要低。这样连接的优点是可以连接任何片段，不需受到粘性末端必须是相同的酶切位点，才能通过碱基互补配对杂交连接的限制。这种特别适合于通过 PCR 得到的 DNA 片段，克隆进载体①(图解 24)。将外源 DNA 片段以平端连接的方式克隆进载体。外源 DNA 插入载体的方向是随机的，两个方向都有。这样，外源 DNA 片段插入质粒的方向就一定要通过测序才能决定，例如重组质粒(见图解 23)。

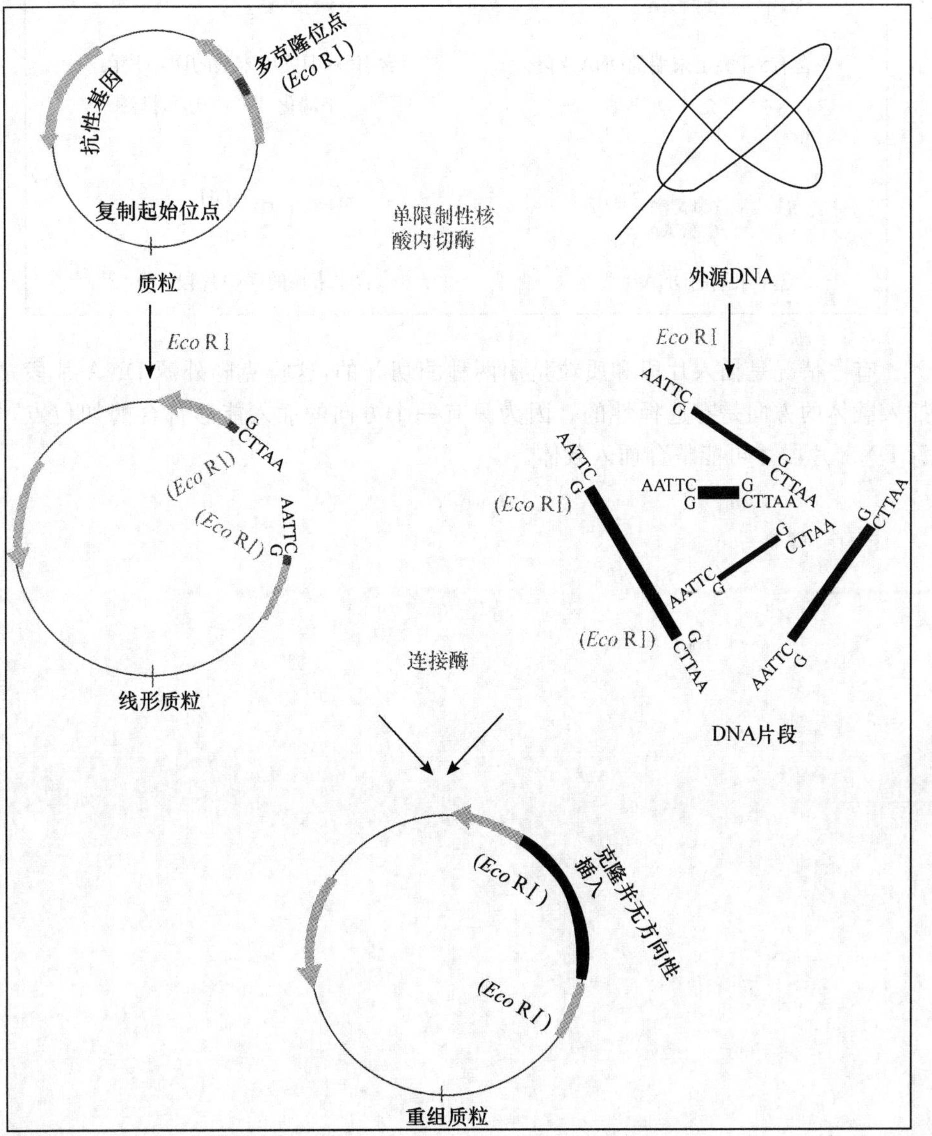

①PCR 产生的双链 DNA 片段的在 5′-P 端有一个突出的 A 碱基，所以可以利用这个特点，用线形化的在 3′-OH 端突出 T 碱基(以互补 A 碱基)的克隆载体来接合它。由此克隆的产量大大增加。

如果克隆载体和外源 DNA 没有使用同一内切酶消化，没有平齐末端或互补的粘性末端，最基本的方法就是要想办法产生平末端，而把外源 DNA 插入连接进载体，这个过程是通过 DNA 聚合酶的作用，根据聚合酶由5′→3′的活性，或者切平 3′-OH，根据酶的 3′→5′的外切酶活性，来补平突出的 5′-P。

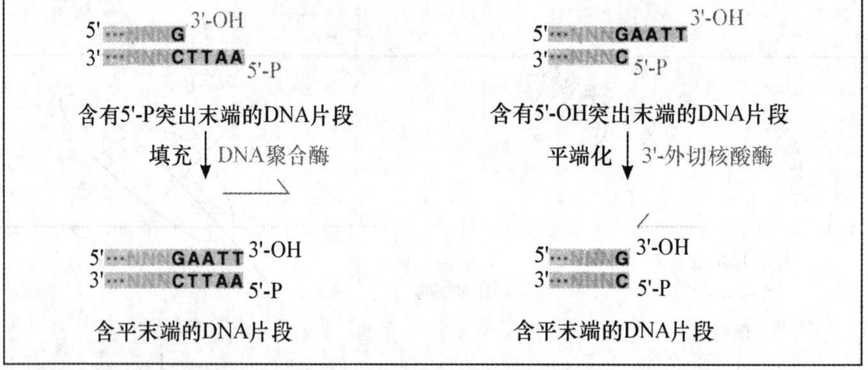

有些情况是插入片段和质粒是用两种酶切开的，这样克隆外源 DNA 片段，即插入载体的方向是有选择性的。因为只有一个方向的插入能够符合酶切位点，外源 DNA 片段才可能整合插入载体。

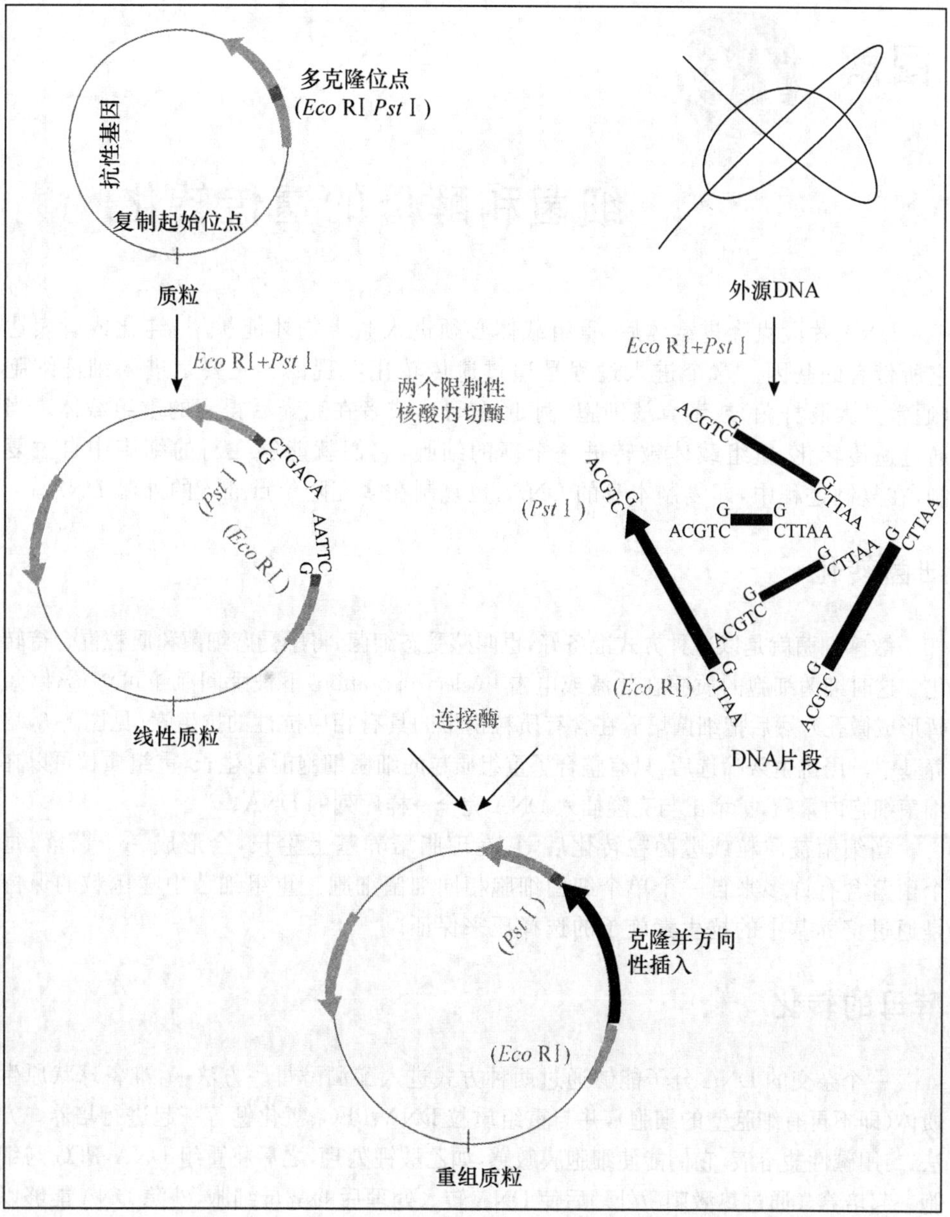

LAURENCE DAMIER and DENIS TAGU

图解 10

细菌和酵母的遗传转化

DNA 片段克隆进载体后，重组载体必须进入微生物才能扩增、纯化或者表达它所带有的基因。这个进入过程是通过遗传转化实现的。主要是进入细菌细胞（通常是大肠杆菌）或者真核细胞（例如，酵母），或者在克隆后得到的重组载体。当通过遗传转化，重组载体被转进一个新的细胞，它们就能够在新的细胞中自主复制，在复制过程中，即复制本身的 DNA，也复制在多克隆位点插入的外源 DNA。

细菌转化

敏感细菌就是以这种方式准备好，也叫感受态细菌，将感受态细菌和质粒混合待转化。这时细菌细胞的质膜在热激或电击①(electroporation)下被瞬间赋予可渗透性（短暂形成微孔），然后把细菌培养在含有质粒携带的具有相应抗性的抗生素（见图解 6）培养基中。用抗生素筛选后，只有整合了重组质粒的细菌细胞能够生长，重组质粒可以在细菌细胞内繁殖，扩增出与克隆插入 DNA 完全一样序列的 DNA。

当细菌被质粒或噬菌粒转化后，它在琼脂培养基上生长，会形成一个菌落，每个菌落含有许多来自一个单个细菌细胞相同细菌细胞。重组细菌中噬菌粒的保持是通过培养基中的抗生素施予的选择压来保证。

酵母的转化

一个杂交的 DNA 分子能够通过两种方式进入酿酒酵母。方法一：准备球状原生质体（即不再有细胞壁的细胞），并与重组质粒 DNA、PEG、氯化钙等一起进行培养。方法二：用碱性盐溶液，它们能使细胞膜敏感，如乙酸锂处理，之后将重组 DNA，PEG 与细胞一起培养。通过热激刺激处理后使 DNA 转入处理后的酵母细胞，外源 DNA 能够以同源重组的形式整合到酵母染色体上或者以独立于酵母染色体的复制形式存在。这种独立复制能力是由一段被称为自主复制序列（ARS）产生的，没有这段 ARS 的 DNA 分子必须通过同源重组方式整合到酵母染色体才能获得稳定转化的酵母。

LAURECE DAMIER AND AGNÈS MÉREAU

---

①电击能使转化更有效。

Ⅲ

核的标记和杂交

图解 11

DNA标记

核酸分子杂交是检测目标DNA序列的分子生物学基本工具。核酸杂交也经常用于筛选cDNA或基因组文库,以研究基因组的特殊区域组成(通过Southern杂交)或分析细胞中转录数的多少。该技术的成功在于能否得到用放射性或化学修饰核酸方法标记了的DNA探针。探针标记可以通过全面标记(内标法)或在其末端标记(末端标记)获得。

内标法

通过缺刻转移标记①

内标法是通过用标记了的核苷酸在离体下聚合DNA,聚合是按碱基互补原则合成DNA双链。从*E. coli*中分离到的类型Ⅰ DNA聚合酶Klenow片段就有这个能力,当把一条DNA链解开后,在此酶作用下可用一条DNA互补链片段作为模板,并在它的3′端加上核苷酸。该酶还具有5′外切酶活性,能除去5′端核酸结合的其他非正确配对的核苷酸。此酶的这两种活性的结合就可以使得当初的切口位点沿着DNA链移动。在发现DNA聚合酶Ⅰ的作用之前,切开DNA链是通过内切酶完成,这个内切酶可以使双链DNA变成单链,并可随机切开DNA链。

如果用具有高度特异放射性的^{32}P来标记核苷酸,双链DNA分子会得到很强的标记效果(10^7 cpm/μg)。

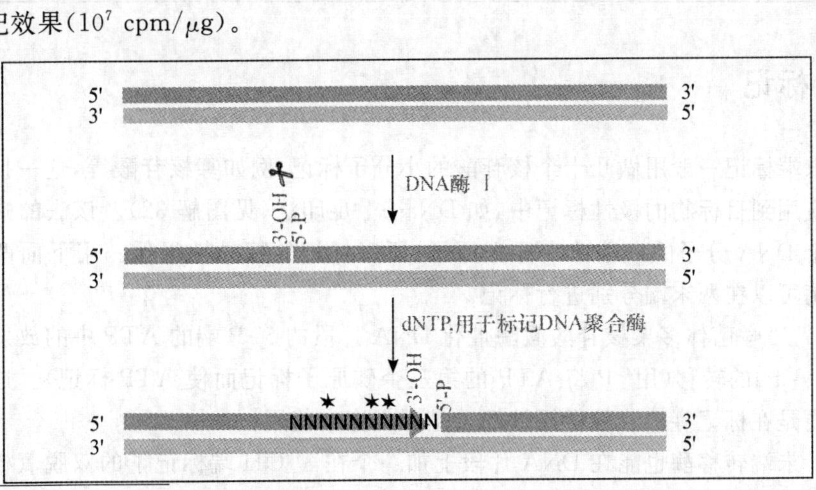

①这种标记方法正被随机引物标记所取代。

随机标记

用6个核苷酸序列的随机引物作为最初引物,以已热变性解开双链的DNA分子为模板,离体合成DNA,如果这个6核苷酸是异源的,则与模板DNA单链序列形成很高的杂交概率,这些形成双链DNA杂交结构就作为DNA聚合酶(如大肠杆菌类型Ⅰ DNA聚合酶Klenow片段,或日益更多应用的Taq聚合酶)作用的起始点,对应复制出互补链。应用标记核苷酸而由此合成了放射性DNA分子,得到了具有很高特异效能($10^{8}\sim10^{10}$ cpm/μg)的放射性探针。

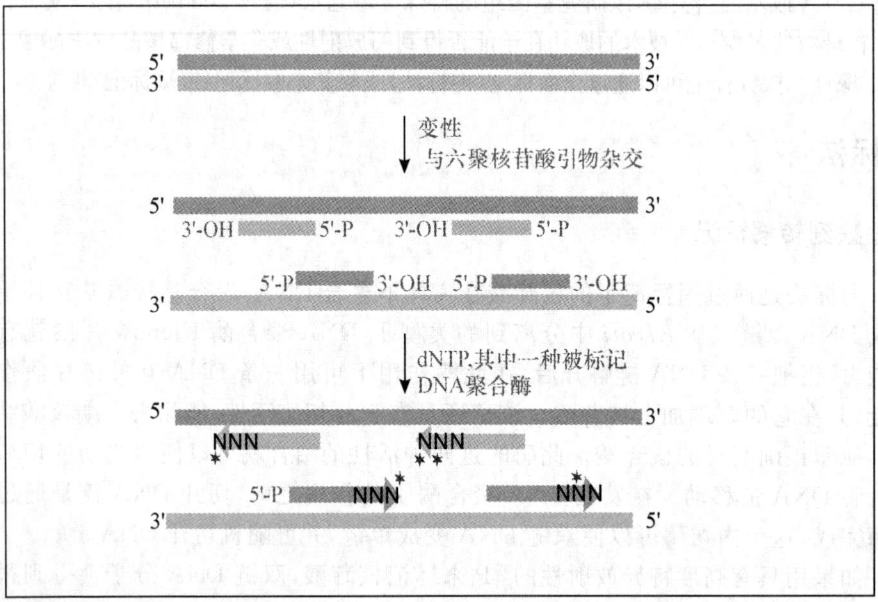

末端标记

末端标记一般用做几十个核苷酸的小分子标记,例如寡核苷酸等,这一技术还可以应用到目标物的极性标记中,如DNase Ⅰ足印法(见图解32)。该法的缺点是用每个DNA分子的末端单个标记原子,所以标记的特异性很低。用下面两个不同的酶可以在两末端分别进行标记。

- T4噬菌体多聚核苷酸激酶催化DNA片段的5′-P端的ATP中的放射性磷原子[γ^{32}P]的转移(用^{32}P将ATP的第三个磷原子标记而使ATP标记)。这一技术主要是在标记寡核苷酸做探针筛选基因文库中使用。

- 末端转移酶也能在DNA片段上加一个在3′-OH端标记了的双脱氧核苷酸(是核苷酸的衍生物,见图解23),并用核苷酸的类似物延长其末端。

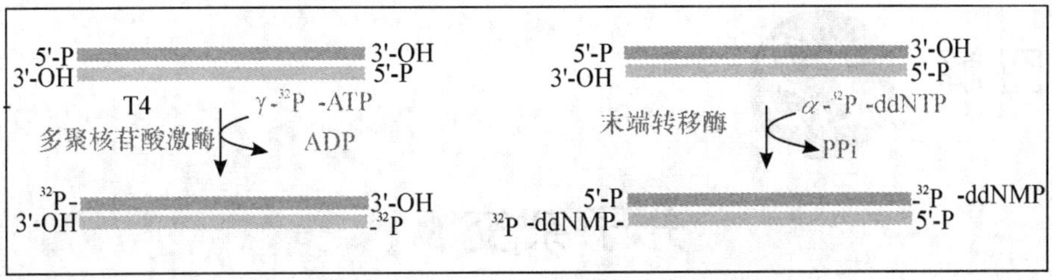

无放射性标记

放射性核苷酸标记技术正在被无放射性的技术所取代(即用“冷”探针应对“热”探针)。目前有许多类型的分子标记技术,有些比放射性探针在检测中有更高的敏感性,尤其是有了荧光色素后。其中与核苷酸有联系的分子包括有,洋地黄毒苷、生物素、荧光素或其他荧光物质。标记原理与前面所描述的一样,只是检测方法在各种冷标记的类型各有不同,如:洋地黄毒素要用特异的抗体来检测,而生物素则要用链霉抗生物素(蛋白)检测。

Laurence Damier, Françoise
Monéger and Denis Tagu

图解 12

分子杂交

杂交技术是建立在核酸物理化学特性上:(1)组成DNA(A/T,G/C)和RNA(A/U,G/C)的碱基是互补的;(2)DNA分子的双链分开(变性)与再结合过程(复性)是可逆的。变性是DNA双链解开的过程(在100 ℃的碱性pH条件下),由于DNA分子双链间连接两链的氢键断裂分开。复性过程(两链之间重新形成氢键)也称为杂交。

- 如果两条链杂交正好100%的碱基配了对(100%的相似性),这种杂交即使在非常严苛的条件下也很稳定(见图解2)。
- 如果两条链无相似序列,杂交就不会发生。
- 在两链仅有部分相似碱基时,在严苛条件下这种杂交将不稳定,但在温和条件下杂交会稳定。高度严苛条件是指在一个介质中,如低浓度盐的水溶液中和高温条件>5 ℃。两条链分开的温度,对于每个序列是特定的(Tm)。如果所研究的链中G和C较多,双链分子就比较稳定;因为G/C对有三个氢链相连,而A/T对只有两个氢链相连。

分子杂交能用于定位或研究杂合群体中特定的DNA或RNA分子。原理是使用放射性或化学标记法(见图解11)标记群体中需要定位的已知纯化的DNA序列,单链的片段被标记后就成为探针。靶标分子(变性核酸中的异质群体)使得单链被固定在尼龙或硝酸纤维素质地的杂交膜上①。单链探针和变性靶标(也是单链)相接触,在适宜杂交的条件下共同温育培养。当探针分子识别到膜上靶标分子中的互补序列后,就发生杂交,这一杂交因加入了探针而被标记。杂交膜可以淋洗,以除去一些非特异的杂交,留下所需的探针和靶标的杂交。放射性标记的杂交定位是通过将杂交膜与放射自显影胶片紧密贴在一起,杂交膜上的放射性杂交信号使胶片曝光,然后将曝光的胶片显影定影冲洗,就像处理普通照片胶卷的过程②。对于化学标记,时常是通过用比色计来检测膜上分子杂交的信号(见图解11)。

多种杂交技术

DNA /DNA 杂交或 Southern 印迹

用DNA分子作探针,靶标仍是DNA,如核DNA,质粒DNA或噬菌体DNA,cDNA文库,或经琼脂糖电泳分离到的靶标DNA。

---

① 硝酸纤维膜比尼龙膜错误少,但却比较脆。

② 放射自显影胶片现在已被放射自显影扫描取代,放射自显影扫描中的信号是数字化的。

靶标 DNA 先经变性处理，再经毛细管作用转移至尼龙或纤维素膜上，当在适合杂交的条件下，膜与标记的 DNA 片段接触，经冲洗，再用自显影照相可显示出与探针互补的 DNA 片段条带。Southern 杂交印迹试验的应用之一，就是研究限制性片段多态性有关的遗传病(见图解 50)。

RNA /DNA 杂交或 Northern 杂交

用 DNA 作探针，但靶标是 RNA。在组织中分离纯化出 RNA 分子，再用琼脂糖电泳将 RNA 分子分离。在尼龙或纤维素膜上使 RNA 分子与探针发生碱基互补配对，即杂交。DNA/RNA 杂交使我们有可能估算出在一个已知的发育点(如胚胎发生过程的不同阶段)，或者在生物或非生物胁迫作用下，给定组织(如叶片，根，茎)的 mRNA 分子的大小以及 mRNA 的积累量。

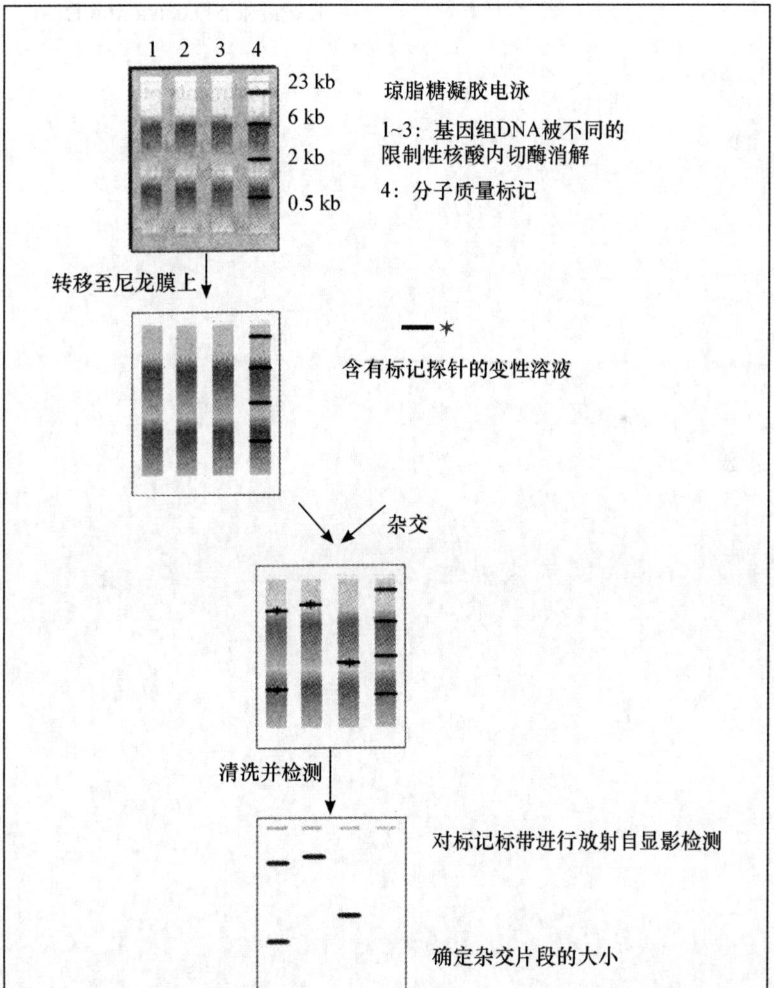

点印迹和带印迹

DNA 为探针，靶标可是单链 DNA 或 RNA。与 Northern 或 Southern 技术不同，靶标核苷酸不是用电泳分离。靶标是在一个已知浓度下在一个杂交膜上以一个点状或条带存在。市场上有这样的专用设备。探针与靶标杂交后，靶标核酸中被研究核苷酸的浓度（探针）可以用样点处的放射性强度来测定。该技术在实验中的发展速度远比 Southern 或 Northern 快。然而一些探针 DNA 针对靶标序列必须是高度特异的，因为在样点处没有对靶标片段进行按大小归类分开（用电泳方法），这样非特异的杂交可能性就增大了。

这些方法在转录组学，cDNA 滤膜和 DNA 芯片等领域中应用得较多。

LAURENCE DAMIER AND DENIS TAGU

图解 13

mRNA的原位杂交

一个组织由多种细胞组成，每种细胞都有一系列不同基因表达。因此，在同一组织中两个相邻细胞也许并非含有同一基因的表达产物。有时就需要掌握和了解一定部位基因转录的状况，以了解基因的表达状态。

mRNA 原位杂交的原理在于鉴定一个组织中一部分细胞中含有的特定 mRNA 量。这一技术基于分子杂交。靶标分子是细胞中的 mRNA。先将组织或器官用化学方法固定，再用石蜡切片法切成大小适宜的薄的样片(5～10 μm)，然后与探针进行接触。探针经常用标记 RNA(核糖体 RNA 探针)；核糖体 RNA 探针是通过离体转录合成的与靶标 mRNA 互补的一条链(见图解 28)，合成过程中标记是在 UTP 上，UTP 的标记可以是放射性(一般用^{35}S 的 UTP，现在更多用^{33}P)或化学标记(洋地黄毒苷)。

放射性探针杂交和清洗过程中，要使用一种半透明的感光乳液。这种半透明的感光乳剂用于固定整个样片的轮廓，这样放射性就可以定位曝光胶片了，并且样片还可以在光学显微条件下观察。有时有重叠的细胞结构和银颗粒的沉淀。

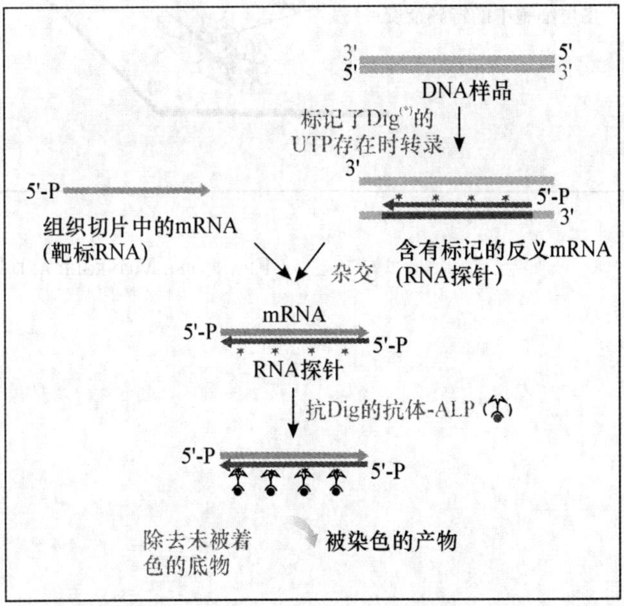

核糖体探针的化学标记经常用 UTP 与洋地黄毒苷(Dig)偶联,洋地黄毒苷是一种甾类半抗原。经过杂交和清洗后,RNA/RNA 杂交物可以用抗洋地黄毒苷的抗体与碱性磷酸酶(ALP)偶联,由此可检测到。抗体所带碱性磷酸酶的酶活性可以通过加入一种底物形成颜色沉淀被检测出来。当在显微镜下观察载有样片的玻片时,可以在细胞水平上可观察到沉淀物,而且转录本的定位则可从此观察中推出。

在滤膜上进行分子杂交时(见图解 12),适度的清洗十分必要,要洗去所有非特异的杂交。在光学显微镜下我们可以看到杂交片段。这可以通过染色显现细胞结构,并且检测到需要的 mRNA。以下以植物根系为材料进行说明。

mRNA 原位杂交在研究果蝇胚胎发生基因调控时已得到充分证明,显现出多个不同 mRNA 积累量(例如 nanos 和 bicoid)在胚胎的不同组织中产生的差异。在刚发育的组织中,半透明的和少数不同组织中,原位杂交能直接在整个组织上进行,而不需要对其组织结构进行区分。

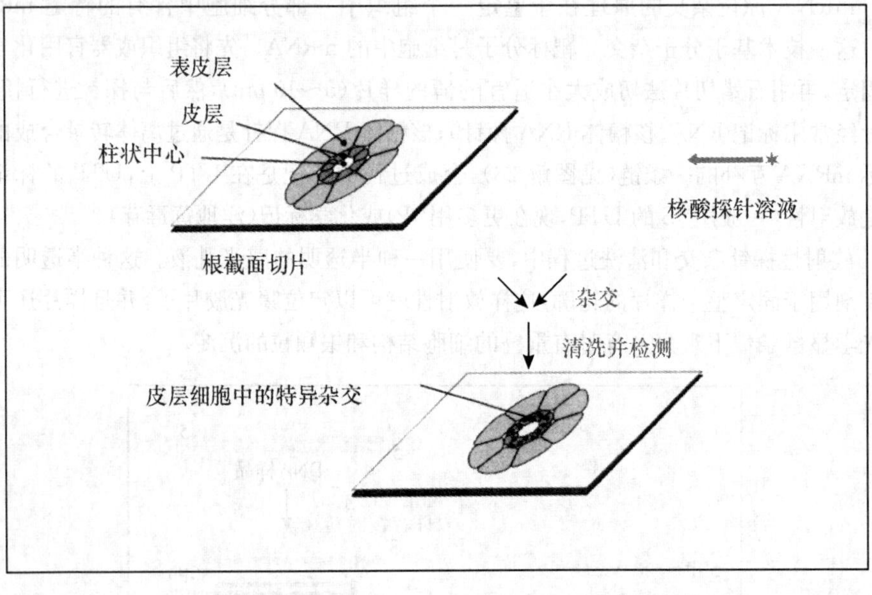

FRANÇOISE MONÉGER AND DENIS TAGU

Ⅳ

DNA 文库和筛选

图解 14 基因文库的构建与筛选

构建基因文库是一件很有必要的工作，当我们需要搞清一段特殊的基因组序列时，就需要建立基因组物理图谱，就需要对部分或全部的序列进行大规模测序。

基因组 DNA 文库是一组重组载体，每个载体都载有我们所研究物种基因组的不同片段。原理如下：(1)从被研究物种分离基因组 DNA；(2)用限制性内切酶法消化 DNA，所消化的片段长度适合在我们选择的载体中整合①；(3)克隆这些片段进入克隆载体中；(4)将重组载体转移进入到微生物体中，使其扩增。噬菌体载

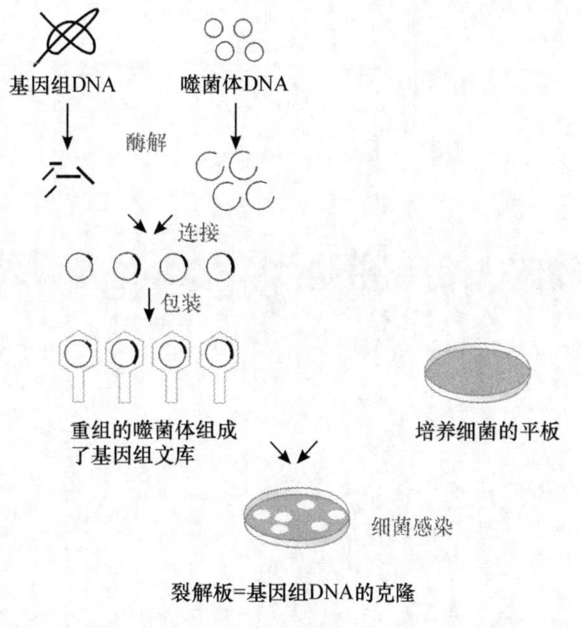

①很小片段 DNA 有时必须被除去，以使用小克隆产生的文库不饱和这种方法是用不完全酶切基因组 DNA 得到较长的 DNA 片段来完成。

体（见图解 7）比较适合对一个已知基因组序列的克隆，而考斯粒，YACs，BACs（见图解 8）等都可以选用。大量的重组克隆就构成了基因文库。

因为基因组 DNA 被认为在一个个体的所有细胞中都是一样的，所以不需要特异组织提取 DNA。例如：理论上，基因文库的 DNA 从一个植物根中提取出来的和从相同植物的叶子中提出来的应当是一样的。

DENIS TAGU

图解 15

cDNA文库的构建

在一个给定组织中所积聚的 mRNA 就是这一组织基因表达的代表，这对在一个给定的器官中搞清基因表达十分重要。然而，mRNA 操作是一个精细的过程（数量少，对核酸酶敏感），要将它们转变为双链 DNA，使其能较容易操作，并能在细菌载体中克隆。在组织发育的一个特定时期，cDNA 文库就代表了该组织中所有的 mRNA。与基因组文库不同，一个 cDNA 文库是一个特定组织的。cDNA 文库被认为是一个器官的所有 mRNA 的一个即时呈现。

cDNA 文库结构可以用多个步骤构建而成。原理如下：(1)抽提 RNA 或在器官中纯化多聚腺苷酸 mRNA（如：通过带有 polyT 的亲和色谱柱方法①）；(2)通过反转录酶的作用将 mRNA 拷贝成互补的单链 DNA；(3)用 NaOH 或 RNaseH 除去 mRNA；(4)用 DNA 聚合酶合成 DNA 的另一条链；(5)经过寡核苷酸（接合器）的连接产生限制性位点；(6)连接进入克隆载体（质粒或噬菌体质粒）；(7)在细菌中整合上述重组载体，cDNA 文库构建的载体可以是质粒也可是噬菌体质粒（见图解 6 和 7）。DNA 另一条链的合成与接合器的连接现在多用 PCR 进行（见图解 24）。

单链 cDNA 合成一般是在 mRNA 的 polyA 末端加上短的 polyT 序列。另一个方法是在通过一个对应不同序列的六核苷酸随机杂交在 mRNA 作为引物，在反转录酶作用下转录合成一条 cDNA 链。然而，由于最初合成 cDNA 的引物是被限定在 mRNA 内一部分进行，所以 cDNA 就仅仅只与 mRNA 部分片段相对应。

---

①在抽提大量 mRNA 很困难的情况时，cDNA 文库也可用总 RNA 来构建。mRNA，仅代表了细胞 RNA 的一部分，最基本的 RNA 成分是核糖体 RNA。PCR 技术对于构建 cDNA 文库特别适用，因可由很少量的 RNA 来完成。

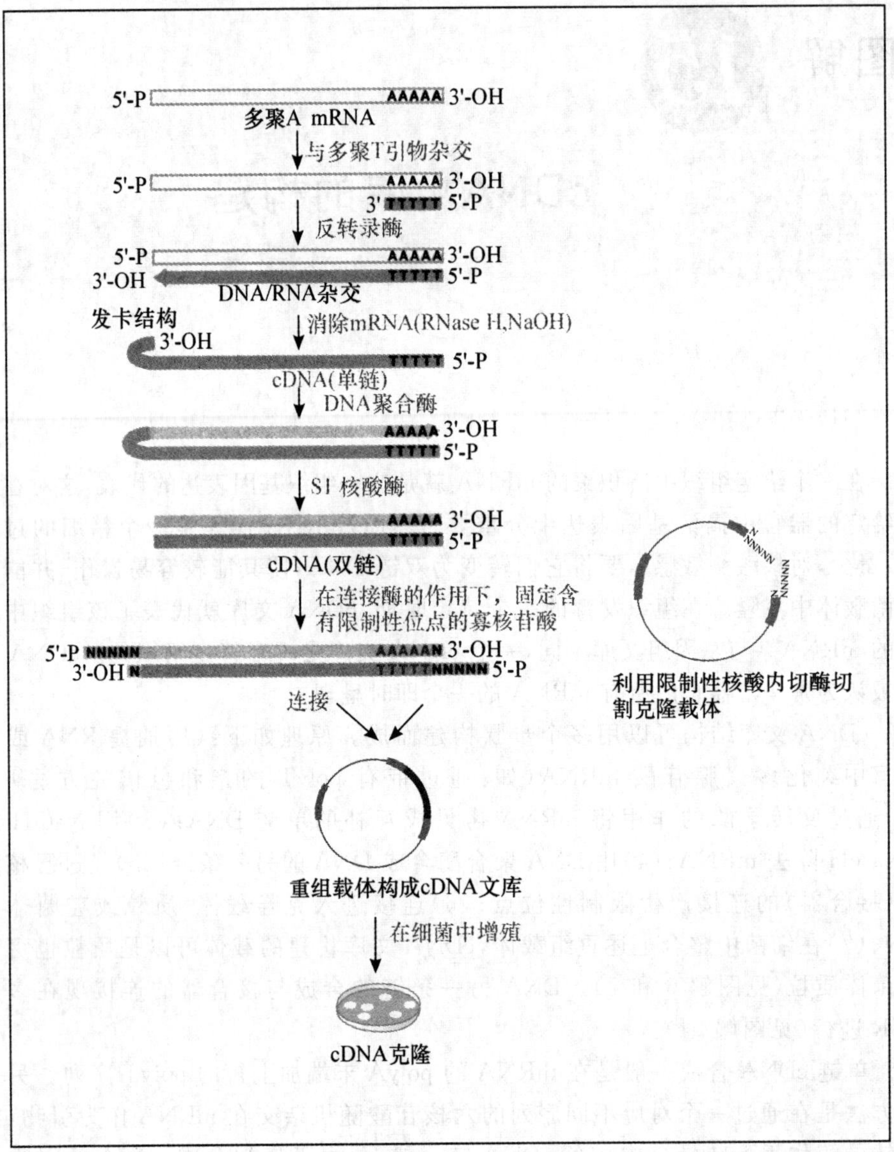
5'-P AAAAA 3'-OH
多聚A mRNA
与多聚T引物杂交
5'-P AAAAA 3'-OH
3' TTTTT 5'-P
反转录酶
5'-P AAAAA 3'-OH
3'-OH TTTTT 5'-P
DNA/RNA杂交
发卡结构
消除mRNA(RNase H,NaOH)
3'-OH
TTTTT 5'-P
cDNA(单链)
DNA聚合酶
AAAAA 3'-OH
TTTTT 5'-P
S1 核酸酶
AAAAA 3'-OH
TTTTT 5'-P
cDNA(双链)
在连接酶的作用下，固定含
有限制性位点的寡核苷酸
5'-P NNNNN AAAAAN 3'-OH
3'-OH N TTTTTNNNNN 5'-P
利用限制性核酸内切酶切
割克隆载体
连接
重组载体构成cDNA文库
在细菌中增殖
cDNA克隆

Denis Tagu

图解 16

文库的筛选

一个基因组文库或 cDNA 文库的筛选包括对含有目的基因序列的细菌克隆的特异选择(见图解 17 和 20)。

为了鉴定我们感兴趣的克隆,首先要先复制这个文库。细菌克隆或溶菌平板转移至纤维素膜或尼龙膜上(见图解 2),用 NaOH 溶液培育使 DNA 变性后与膜共价结合,用不同标记的核酸探针与其杂交,以便可以检测出与杂交物反应的阳性克隆。

用 DNA 片段作为探针

任何一个与所需 cDNA 或与基因有同源片段的 DNA 片段(cDNA,PCR 片段,寡聚核苷酸)都可以用作探针来筛选基因文库。用随机引物或缺口转移来标记 DNA 探针片段(见图解 11)。杂交膜上的文库载体与探针温育,阳性克隆(和探针杂交的)就可以检测到并被抽提出来。

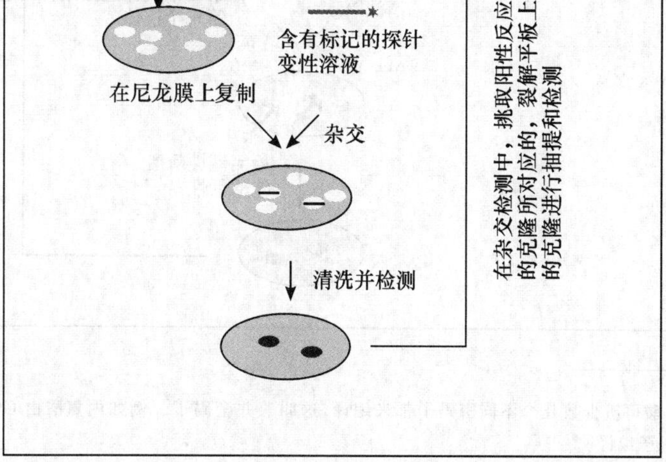

用合成的寡核苷酸作为探针

如果我们知道了想要分离基因所翻译的蛋白序列，那么就可以用密码规则推测出相应的核酸序列。因为遗传密码的兼并性①，就可以得到多个核酸序列。多个种类的寡核苷酸(通常约合成20个碱基)的组合，经放射性标记后(见图解11)，与固定在滤膜上的克隆杂交。

用抗体检测

有时我们对所需要的基因及其指导合成的蛋白质一无所知。可以用生化方法得到纯化该蛋白和该蛋白的特异抗体。这样的抗体可以用来分离相应的DNA。假设基因的cDNA文库已经在一个表达载体中被构建好，发现cDNA在载体中插入

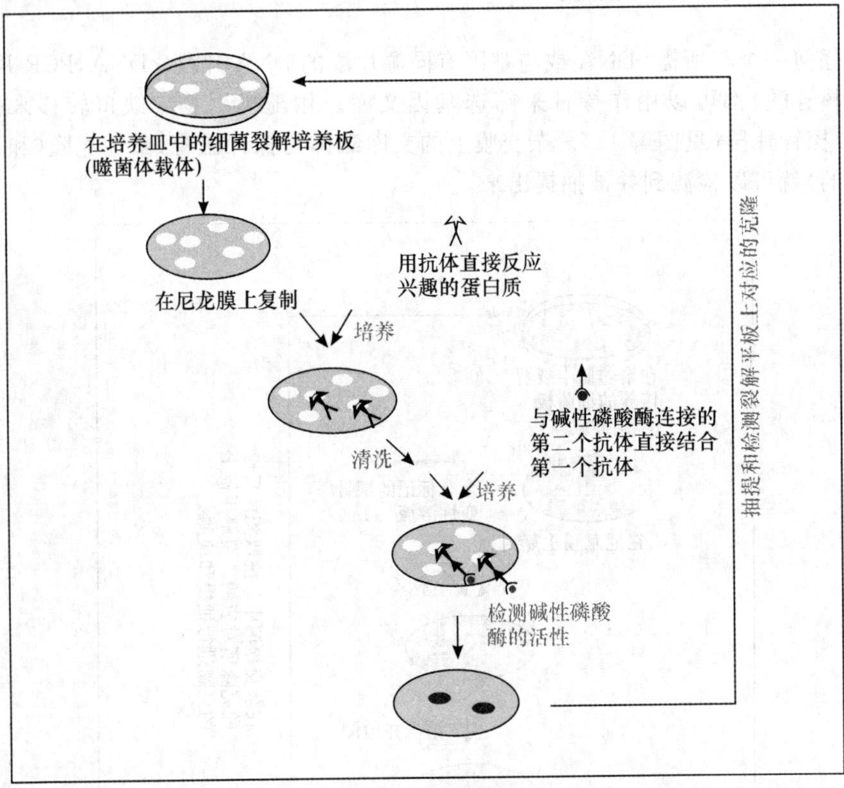

①一个氨基酸可被少数几个不同密码子都来编译，这叫兼并密码子。例如丙氨酸由GCU，GCC，GCA，GCG等4个密码子编译。

位点位于细菌启动子下游。于是，文库中所有包含了重组载体的细菌都可以合成与 cDNA 序列①相对应的蛋白。杂交膜上的 cDNA 文库与抗体共同培养，抗体直接作用于将要克隆的 cDNA 的合成蛋白。拥有相应 cDNA 片段的细菌也可以合成用抗体可检测的蛋白。由于这个原因，cDNA 就必须有一正确阅读框架以便正确读码和翻译。稳定的抗原-抗体复合物通过显色反应呈现出来，即用二次抗体和碱性磷酸酶偶联显色。这样对应杂交的克隆就可以在平板上找到，并做下一步的抽提等。

寻找转录因子

当在表达载体中得到 cDNA 文库时，如果我们要克隆那些编码结合在 DNA 调控序列的蛋白质对应的基因时这项技术得到了发展，这些基因都是转录调节蛋白。将已证明能和核蛋白质(见图解 31，图解 32)结合形成复合物的 DNA 片段，用放射性标记，来筛选基因文库的表达蛋白。如果文库中含有重组载体的细菌所表达的蛋白质能与标记的 DNA 片段结合，就可用杂交来检测。在组织中有少量调控蛋白相应的 mRNA 积累，而这些 mRNA 的 cDNA 在文库中很少，所以需要筛选大量的克隆(大约 10^6)，才可能获得结果。

LAURENCE DAMIER AND DENIS TAGU

①蛋白质合成必须是在正确的阅读框架下。表达载体通常是用 λ 类型的噬菌体(λgt11)，由于遗传密码的阅读一次是 3 个碱基，所以有 3 种可能的阅读框架。但是 cDNA 能够在正确的方向上克隆(编码链开始端正对细菌启动子)，或错误方向(编码链开始端远离启动子)。总体讲，cDNA 有 1/6 的概率是处于正确的阅读框。如果 cDNA 的克隆是正向的(cDNA 的 5′-P 端以多克隆位点为边界，而如 3′-OH 端在多克隆位点边界将是不同的，可以允许 cDNA 以一个合适的方向连接细菌启动子。)这种情况存在 1/3 概率 cDNA 是正确的阅读框架。

图解 17

差异性筛选：差减文库，cDNA-AFLP

差示筛选是克隆 cDNA 的一项技术，这些 cDNA 和在一个特定的发育时期或胁迫作用下组织中的一些特定 mRNA 是相对应的。原理包括：首先从经过一个处理后，特异的 cDNAs 能够从 mRNA 中分离到（例如叶片），而构建一个 cDNA 文库。其次，从靶组织或其他组织（如根）中等两类组织中提取出的 RNAs，经反转录可合成单链 cDNA。这些 cDNA 被标记后作为探针，然后用这两种探针去筛选部分文库。文库中的一些 cDNA 克隆可以和这两种探针杂交：这些 cDNA 克隆和在两种组织中积累的 mRNAs 相对应，然后纯化和鉴定这些克隆。

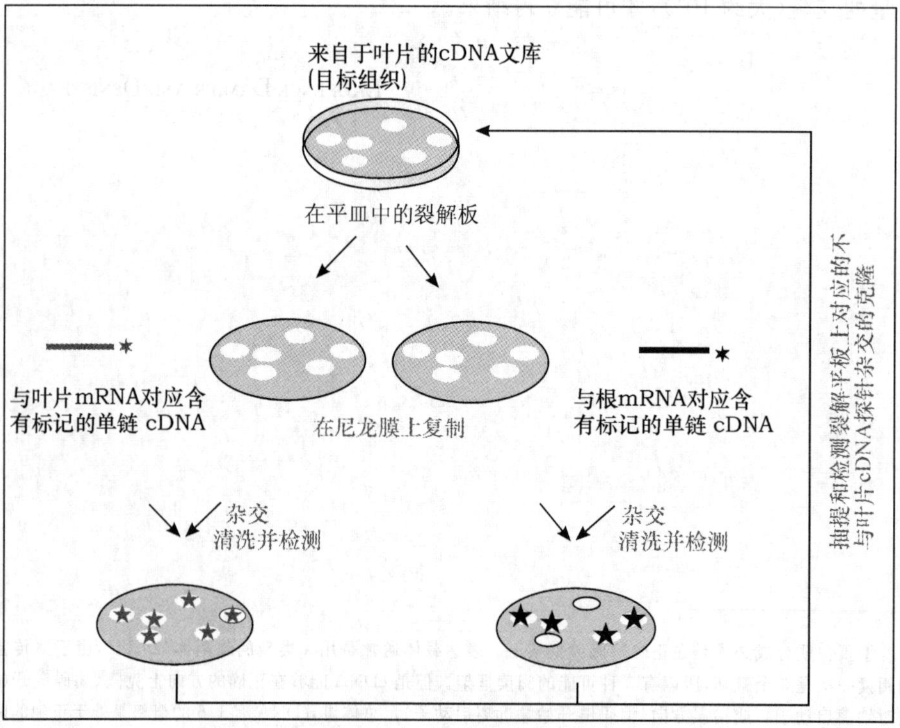

差示筛选技术只对分离大量的 mRNAs 有效。一些不同的方法用来分离少量的 mRNAs，例如：差减文库（见图解 18～20）。

差减 cDNA 文库的运用

在组织中，含量丰富的 mRNAs 可能掩盖了含量少的 mRNAs，但是这些少量的 mRNAs 对机理研究却起到了重要的作用。为了能够克隆到少量 mRNAs 相应

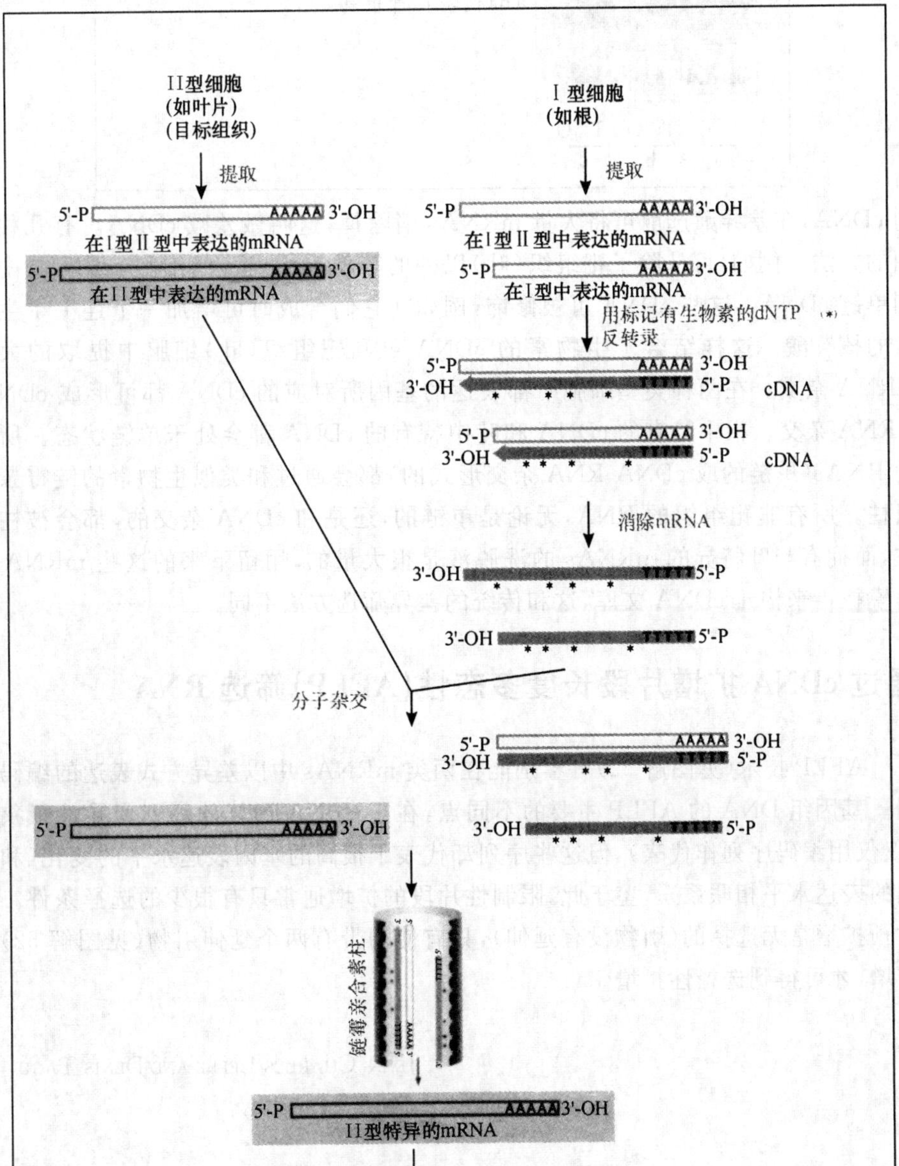

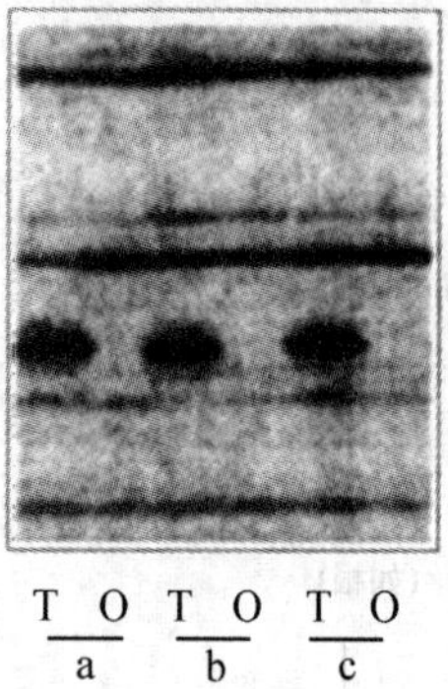

从T组织和O组织中分离出mRNA，
cDNA已被合成，并被*Eco*.RⅠ和MseⅠ酶解。
预扩增：引物没有延伸(引物 +0)
扩增：伸长2个碱基的引物(引物 +2)
a,b,c代表了3个重复

的 cDNA，在差异筛选前可将大量 mRNAs 消除掉，这叫做差减 cDNA。有几种可用的方法。例如：可从除了靶组织（叶）以外的其他组织（根）的细胞 mRNAs 中得到单链 cDNA。这些 cDNA 可被修饰，例如在它们合成时可增加一个连上了生物素的核苷酸。这样结合了生物素的 cDNA 可和靶组织（叶）细胞中提取的大量 mRNA 杂交。在两种类型细胞中都表达的基因所对应的 cDNA 都可形成 cDNA-mRNA 杂交。根中特有的 cDNA 和叶中特有的 cDNA 都会处于单链状态。所有的 RNAs（单链的或 cDNA-RNA 杂交形式的）都会通过和类似生物素的链霉亲和素柱。所有非靶组织的 RNA，无论是单链的，还是和 cDNA 杂交的，都会被柱挡住，而拥有与叶特异的 mRNAs 的洗脱液是很大量的，用留下来的这些 mRNA 作为模板再来构建 cDNA 文库，这和传统的差异筛选方法不同。

通过 cDNA 扩增片段长度多态性（AFLP）筛选 RNA

AFLP 技术（见图解 52）可鉴别能在两类 mRNAs 中以差异方式表达的编码序列。基因组 DNA 的 AFLP 主要的不同点，在于 cDNA 群体的序列变异性很狭窄（仅仅用编码序列作代表），但这些序列却代表了很高的基因表达水平的变化（和基因的表达水平相联系）。鉴于此，限制性片段的扩增通常只有很少的选择条件。通常预扩增是无选择的（引物没有延伸），只有使用带有两个延伸引物（见图解 52）的扩增，才可得到选择性扩增。

JEAN-CHARLES LEPLÉ AND DENIS TAGU

图解 18

差异显示RT-PCR

RT-RCR 差异显示技术是差示筛选中为了更好地识别稀有 mRNA 而分化出的一种方法(见图解 17)。这包含三个主要的步骤:(1)反转录 mRNAs 得到单链 cDNAs(见图解 27);(2)通过 PCR 扩增 cDNAs;(3)在克隆之前通过电泳分离双链 cDNAs 片段。这三步和从不同组织中分离 mRNAs 是同时进行的。可以凝胶电泳通过对比,来识别不同浓度的 cDNA 条带。

反转录

从两个可以对比的细胞中(用于比较的细胞 A 和细胞 B),提取出总 RNAs,并纯化出带 polyA 的 mRNAs 后,首先合成单链 cDNAs。用互补于 RNA 尾巴 polyA 的 T_{12}XY 类型的寡核苷酸作引物,X 可以和除了胸腺嘧啶核苷以外的碱基互补,而 Y 则可以和任何碱基互补。因此,T_{12}XY 引物有 12 种可能的结合,和不同的 mRNA 家族互补。例如:T_{12}AC 探针可以和末端为 GUA_{12} 的所有 mRNAs 互补;而 T_{12}AG 探针可以和末端为 CUA_{12} 的 mRNAs 互补。探针的选择决定了 mRNAs 的筛选。这种筛选对于改进后续的凝胶电泳分辨率是必需的。如果不作筛选(使用可以和所有 mRNAs 互补的 T_{12} 探针),则得到大量 cDNAs,在凝胶电泳中会出现很多条带,使其分辨率降低。对于所研究细胞类型中存在的具有 polyARNA 类型的群体,平均来说这种筛选步骤有 1/12 的成功概率。当选中一个引物后,则从不同组织或不同处理中分离 mRNAs 时都使用相同的引物。

PCR 扩增

通过反转录得到的单链 cDNA 在此步骤中通过 PCR 扩增(见图解 24)。扩增需要 2 个引物。一个是在反转录中使用的 T_{12}XP 引物,它可以和 cDNAs 的 3′-OH 末端互补;另一个是和 10 个碱基互补的随机引物,它可和 cDNAs 的 5′-P 末端互补(见图解 51)。随机引物和 5′-P 端随机杂交。这样就可以得到不同类型的部分双链 cDNA,封闭了相应 mRNAs 的 3′-OH 端。

电泳分离和 cDNAs 的克隆

PCR 扩增得到的双链 cDNAs 通过聚丙烯酰胺凝胶电泳分离,这种凝胶和测序使用的

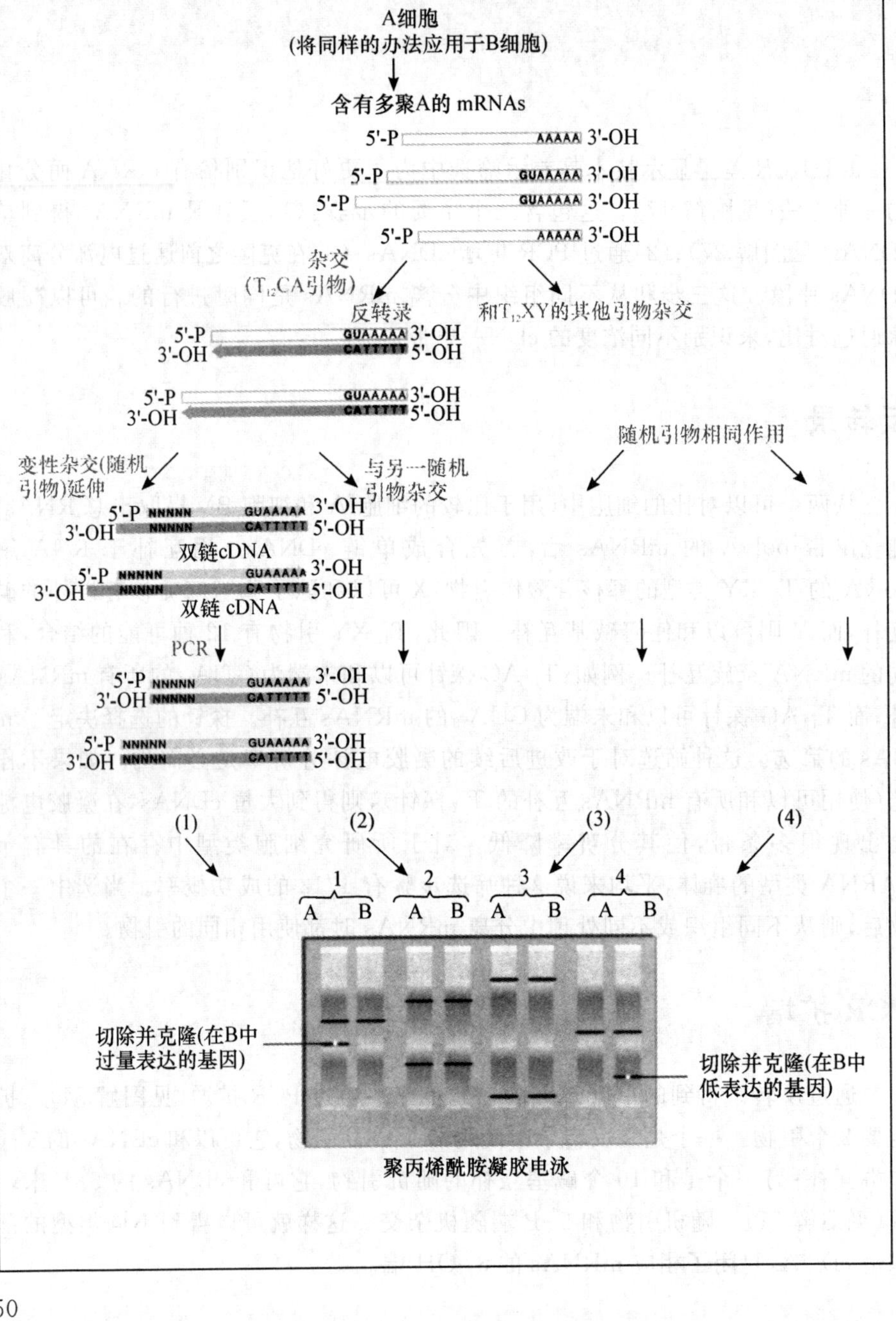

聚丙烯酰胺凝胶电泳

凝胶类似。此凝胶可分辨低于 500 bp 的碱基片段。如果 PCR 的前一步使用了[^{35}S]标记的 dATP,则可使用放射自显影技术或银染方法看到不同的产物。不同样品需在同一凝胶中作比较。在不同处理中,如果 mRNAs 重复性出现差异积累量,则可以切出差异积累量的条带。如果用银染的方法检测凝胶,则可以直接切出不同积累量的条带。对比起来,为了强化靶 cDNA 条带的区域范围,必须使凝胶过量放射自显影。如果在一个条带中出现的 cDNA 的数量太少,以至于不能够被直接亚克隆,在这一阶段,需要使用前一步骤中已使用的一对引物来重复扩增出现在切出条带中的 DNA。将得到的新的片段再亚克隆进质粒中(见图解 9)并测序(见图解 23)。从这个序列中产生的探针可以用来对相应基因表达进行精确研究:筛选cDNA文库(为了获得全长 cDNA)或基因组文库,Northern,原位杂交等。

DD-RT-PCR 有很多优点:

- PCR 技术只需要微量样品:1 μg 的 polyARNA 可用作 150 个反应。
- 可以在同样的凝胶上鉴别出过表达和低表达的基因。
- DD-RT-PCR 技术比传统的差示筛选技术快。其分离和鉴定 cDNA 克隆只需 15 天。

AFLP 和 DD-RT-PCR 相似(见图解 17)。

JEAN-LOUIS HILBERT

图解 19

运用SSH（抑制差减杂交）的差异性筛选

抑制性差减杂交是和PCR结合的一种差示筛选方法。其目的是抑制两个样品或两种细胞类型中常见的mRNAs,以此精简亚群,使其仅包含在早期样品中差异表达的mRNAs。与RDA(见图解20)相似的是,SSH通过设计一个检测mRNAs的标准步骤来区分大量和稀有表达的序列,由此用于表达量少的mRNAs的检测。这个方法是基于DNA链同时再汇集的动力学原理(含量大的片段比含量少的片段杂交配对的速度更快),以及PCR反应中存在抑制子效应。这个效应的存在是由于对比于那些较短的PCR扩增引物,长的反向接合器被置于一条单链的两端表现出更高的亲合性。当这些长的接合器相互之间相互识别,就形成了无法扩增放大的发夹结构。

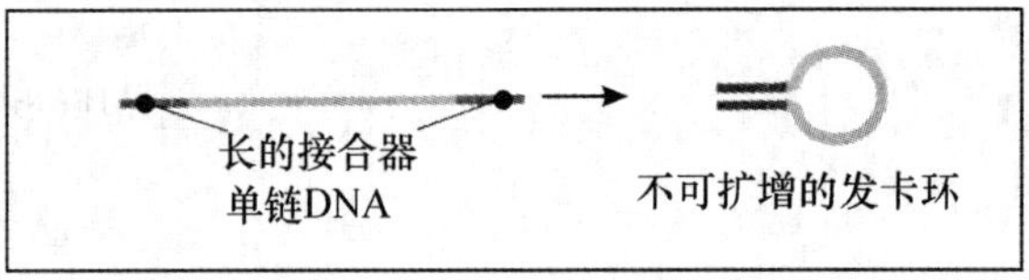

在大多数基因差减法技术中,目标样品被称为tester,对照样品被称为driver。从这两种组织中提取出RNAs,通过反转录的方法合成单链cDNAs,经DNA聚合作用合成双链cDNAs。通过一种酶将tester和driver的cDNAs切成小片段,以更适合用于下一步的杂交。tester cDNAs被分成(tester1和tester2)两部分,分别连有不同的长度(44 bp)的接头。断裂的driver双链cDNA没有接头连接。

3批cDNA均被变性(包括driver,tester,tester2)多余的driver cDNAs和每个tester cDNAs大量结合。这些cDNA组合留着再重新结合,由此,将会出现多种结果:在每批cDNA的溶液中,有单链序列因没有与之配对的互补链,以及tester/tester或driver/driver同源杂交链(杂交动力学的标准化效应)和tester/driver异源杂交链(杂交的异源差减效应)。这些同源杂交和异源杂交的分子在重新组合后将不再形成。

tester1和tester2重新组合需要16 h或18 h,通常会出现剩余的新driver,最终的溶液中包含tester1/tester2异源杂交和先前的同源杂交和异源杂交。这些异源杂交对应的序列在driver中是没有的,是和tester中的特有序列对应。这些序列是SSH中的靶序列。

当3′-OH末端补上有关接头后,加入一对两种类型的接头互补的引物,可通过PCR扩增目标序列。无接头序列(driver/driver同源杂交)不被扩增;只有一端有接头的序列(tester/driver异源杂交)可被扩增一次,但是线性的;在每一末端都有一种接头（tester1/tester1 和 tester2/tester2 同源杂交）将陷入 PCR 的抑制效应，因为在每一条链的末端都有互补序列出现，使它们不能扩增。只有 tester1/tester2 异源杂交呈指数扩增。

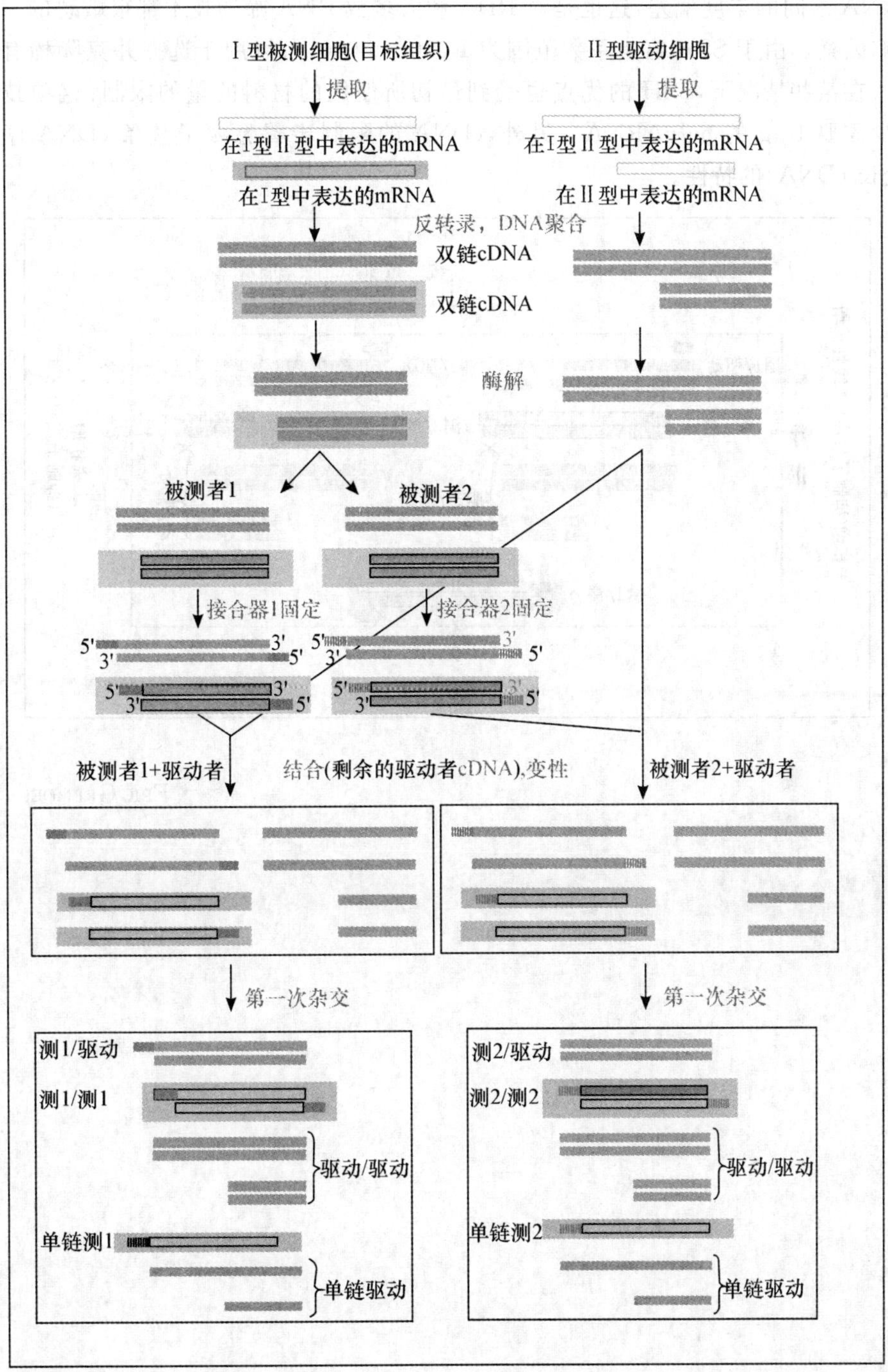

在差减杂交循环中，可以通过 SSH 产生一个用作克隆的 cDNAs 亚群，也可以通过琼脂糖凝胶电泳直接观察 cDNA 亚群。很容易找到集中扩增的产物，然后用作测序，或作为探针来筛选基因组文库或 cDNA 文库。这些标准步骤可以避免 mRNA 之间的丰度偏差，这也是对 RDA 和大多数 RNA 筛选技术都很敏感的一个影响因素。由于 SSH 富集系数范围为 1 000～5 000，可以用于选择并克隆稀有序列。在某些情况下，SSH 的优点也受到最初所使用的材料的量的限制：这项技术至少需要 1 μg 的 polyARNA。另外，cDNA 的限制步骤隐藏了整条 cDNA 序列（全长 cDNA）的特性。

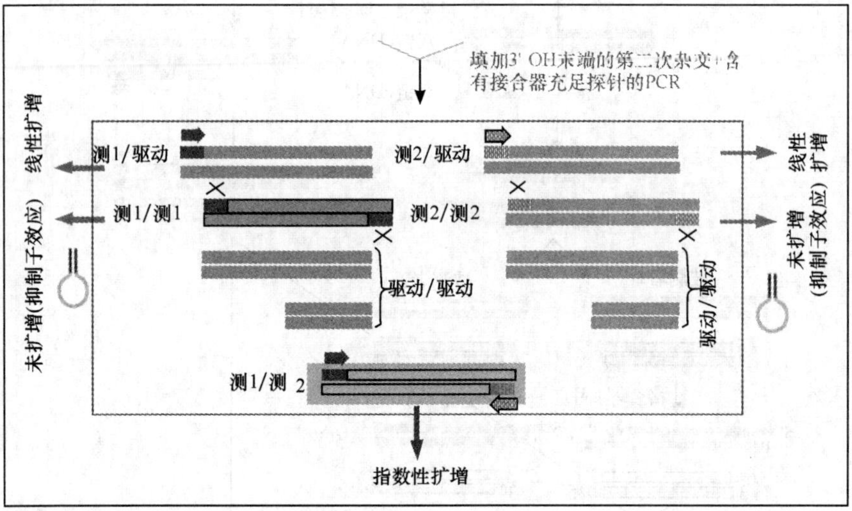

ERIC GREMOER

图解 20

运用RDA（代表性差异分析）的差异性筛选

通过 RDA 的差减 cDNA 技术是结合 PCR 技术的一种差异筛选技术。通过设对照来识别在目标组织中特殊表达的基因。差减技术包括以下几步：(1)合成双链 cDNA，通过限制性内切酶裂解；(2)PCR 扩增；(3)差减杂交。差减杂交需进行多个循环，可获得大量不同表达的基因。

双链 cDNAs 的合成与酶解

从目标组织（tester）和对照组织（driver）中提取 RNA 分子。选择 polyA mRNAs，合成相应的双链 cDNAs 分子。用限制性酶 DpnⅡ酶切 cDNAs，产生突出的 5′-P 粘性末端，含有 4 bp 长的识别位点。

PCR 扩增

合成的两种寡聚核苷酸分别和从两种组织中得到的 cDNA 片段的 5′-P 末端

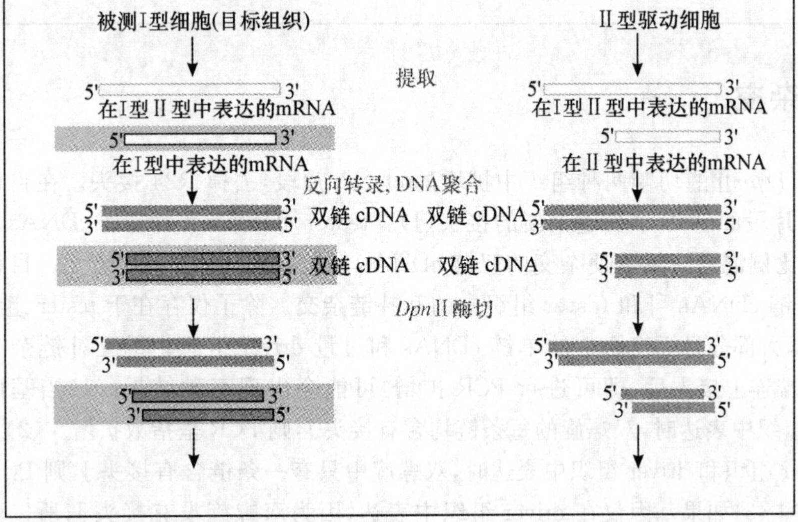

和 3′-OH 端杂交，以便为连接反应产生接头。R12 寡核苷酸与 *Dpn*Ⅱ的粘性末端位点有部分互补，可插入到这条 DNA 链中。因为 R12 寡核苷酸的 5′-P 末端缺少磷酸基团，所以不能和 cDNA 链形成共价键。事实上，R12 寡核苷酸可引导第二条寡核苷酸链，R24 可以部分互补 R12。R24 寡核苷酸可和 cDNA 共价结合。通过这种方法获得 5′-P 末端有 R24 接头的 cDNAs 群体。去除 R12 接头，补平 3′-OH 末端，加入和 R24 接头杂交的引物，通过 PCR 扩增 cDNA 片段。

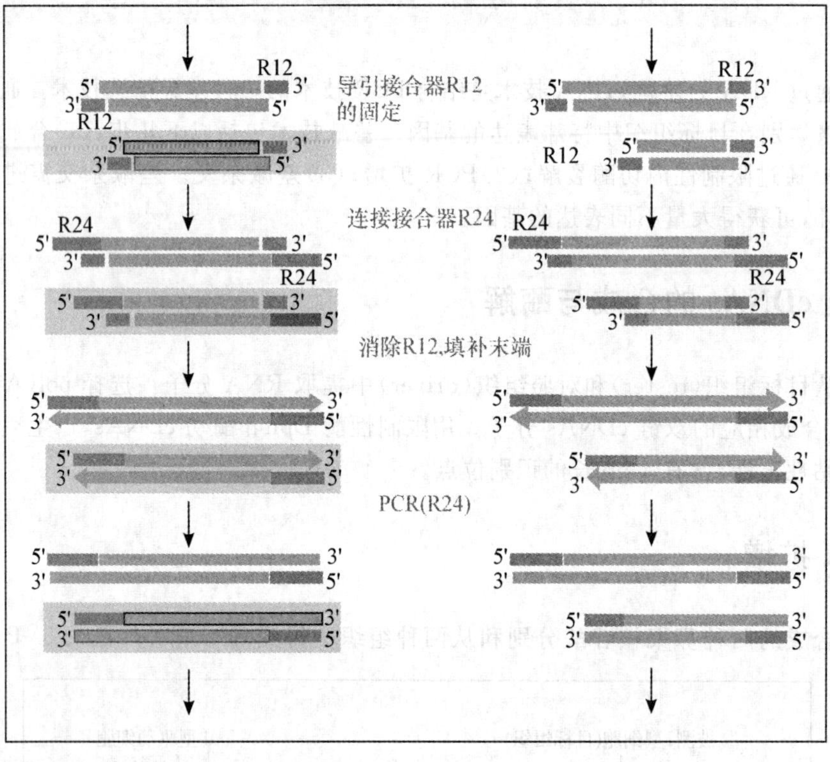

差减杂交

用 *Dpn*Ⅱ酶切割两种组织中扩增的 cDNA 片段，去掉 R24 接头。在目标组织 cDNA 片段的 5′-P 末端连上新的接头(J)。tester cDNAs 和 driver cDNAs 以 1∶100 的比例混合。加热使杂交的双链 cDNAs 解链；退火使链重新杂交。目标组织中的单链 cDNAs 可和 tester 组织中的互补链杂交。除了仅存在于 tester 组织中的 cDNAs，大部分目标组织中的单链 cDNAs 和过量 driver 组织中的互补链杂交。3′-OH 末端连上接头后，即可进行 PCR 扩增，可能会出现三种结果：(1)当基因仅在 tester 组织中表达时，双螺旋的每条链均含有接头 J，则 PCR 呈指数扩增。(2)当基因在 tester 组织和 driver 组织中表达时，双螺旋中只有一条链含有接头 J，则 PCR 呈线性扩增。(3)如果基因仅在 driver 组织中表达，因为双螺旋没有接头 J，所以不会扩增。通过核酸外切酶绿豆核酸酶来特异切割 PCR 的产物成为单链 DNA,可除去线性扩增的产物。使用引物 J 通过 PCR 再次扩增限制性的产物。

用 *Dpn*Ⅱ酶去除引物 J,在 5′-P 末端连上一个新的接头,可对 PCR 产物进行第二次差减杂交。新的差减杂交可增加在 tester 组织中特异表达的 RDA 的产物。可以进行多次差减杂交。接下来,tester 组织中的特殊 cDNAs 群体可在质粒载体中克隆,以便观察和分析。

这项技术和抑制差减杂交(SSH)具有同样的优越性,但前者出错的机会更少。另一方面,无成套的商业化工具,而且 RDA 比 SSH 需要的时间长。

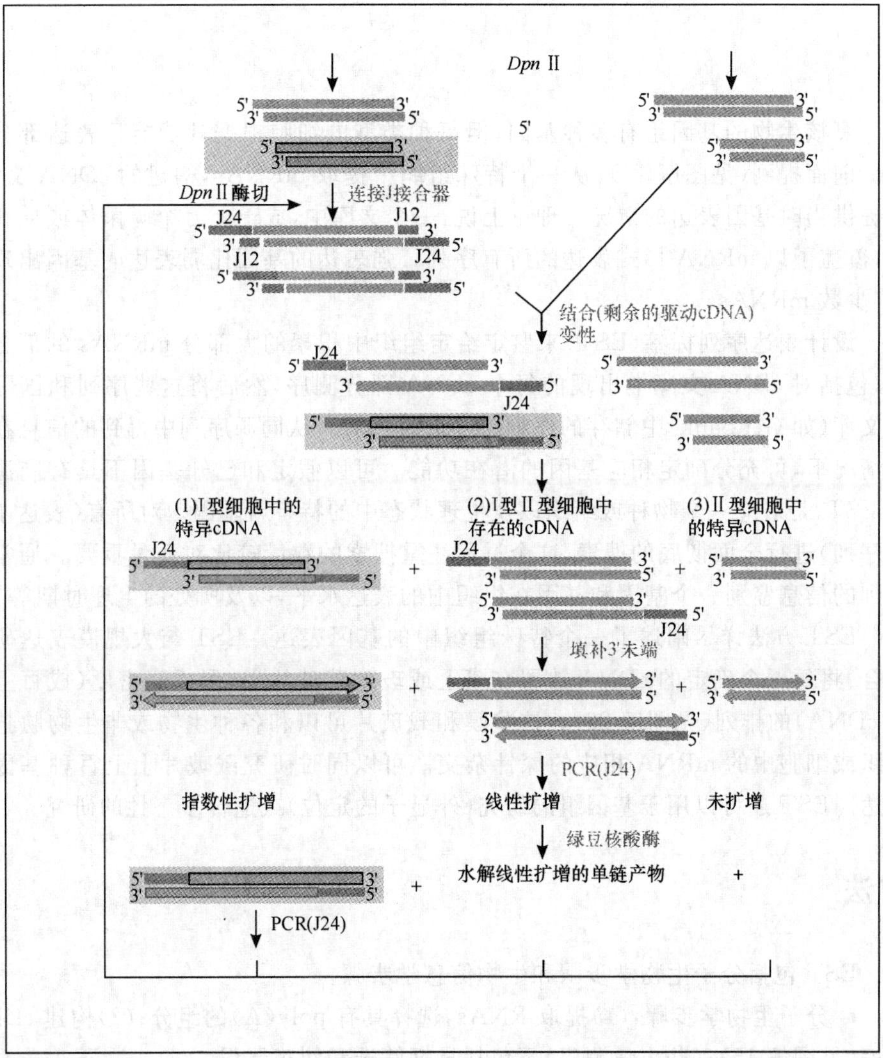

Agnès Massoneau

图解 21

EST：表达序列标签

真核生物的基因组有多种基因，但每种类型的细胞根据其功能只表达部分基因。前面提到(见图解 15)，从一个特殊组织中提取 mRNAs，构建的 cDNA 文库，可提供当时基因表达的情况。理论上说，一个文库中，成千上万个噬菌体或质粒克隆，覆盖了以 mRNA 形式表达的所有序列。强表达的基因比弱表达的基因出现的多(少数 mRNAs)。

设计表达序列标签(EST)来鉴定给定组织中积累的大部分 mRNAs 的部分序列，包括对 cDNA 文库中出现的每个 cDNA 部分测序，然后将这些序列和国际数据文库(如 GenBank)中储存的序列一一进行比对。从同源序列中得到的信息在某些情况下，可充分确定相应基因的潜在功能。可以假定和已知基因不具有同源性的 EST，是对应一个物种或组织以及生理状态中的特有新基因。对所有(表达基因的序列)进行全面彻底的搜索，这个过程注重搜索的数量较比对质量重要。通常用得到的信息鉴别一个基因和基因在组织中的表达水平，以及所处的生理时期等等。

EST 方法详尽阐述了一个特殊组织中的基因表达。EST 与大规模表达研究结合：将每一个确定的 cDNA 放置在膜上或玻璃载玻片上，形成高密度(成百上千种 cDNA)的排列(见图解 22)。这些膜和载玻片可以和各种生物或非生物胁迫下组织或细胞中的 mRNA 相应的探针杂交。可以同时研究载玻片上上百种基因的表达。EST 还可以用于基因组的研究(外显子的定位)或遗传多态性的研究。

方法

EST 包括分子生物学步骤和生物信息学步骤。

• 分子生物学步骤：(1)提取 RNAs，选择具有 poly(A)的组分；(2)构建 cDNA 文库(见图解 15)；(3)大量测序，不包括早期筛选和纠正错误。

• 生物信息学步骤(序列数据分析)：

——创建一个毗连群：(1)消除质量不好的区域；(2)去除载体和接头的序列；

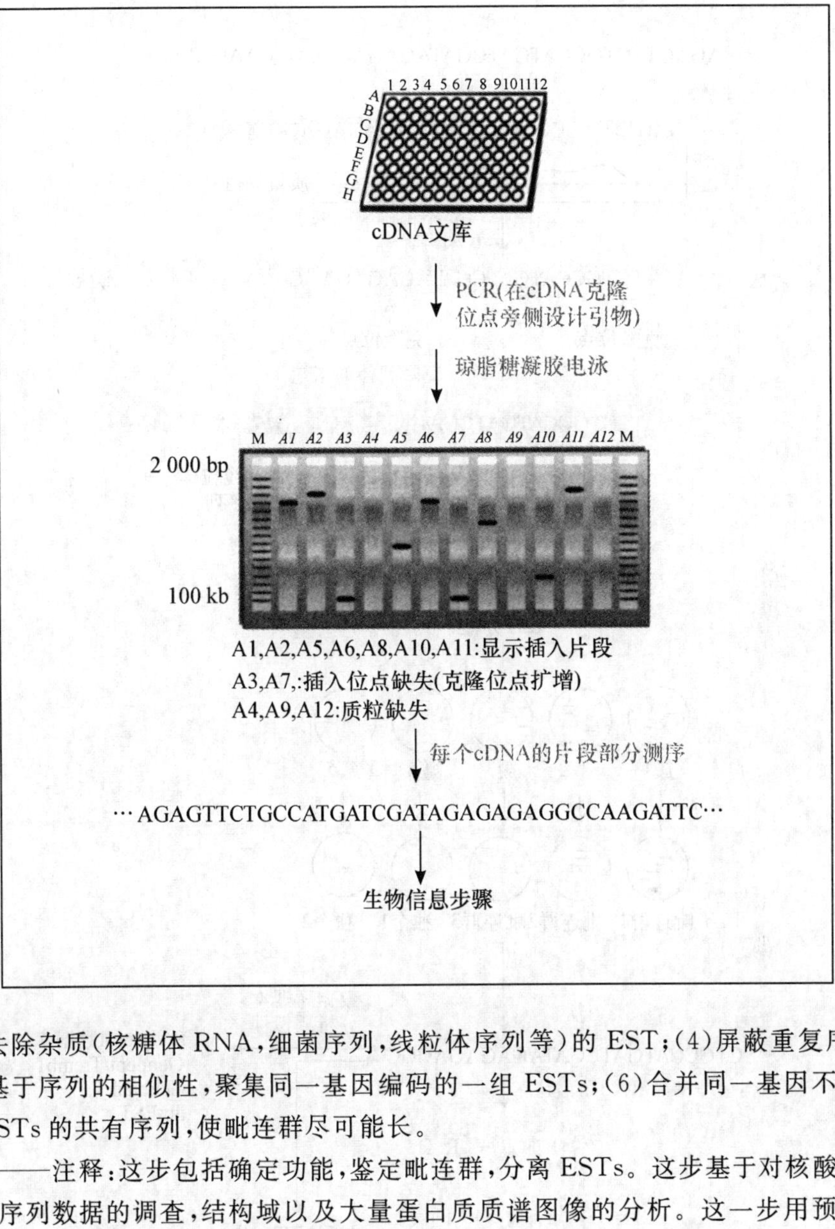

(3)去除杂质(核糖体 RNA,细菌序列,线粒体序列等)的 EST;(4)屏蔽重复序列;(5)基于序列的相似性,聚集同一基因编码的一组 ESTs;(6)合并同一基因不同部分 ESTs 的共有序列,使毗连群尽可能长。

——注释:这步包括确定功能,鉴定毗连群,分离 ESTs。这步基于对核酸和蛋白质序列数据的调查,结构域以及大量蛋白质质谱图像的分析。这一步用预测方法(如功能、细胞学定位等)证明是可行的。

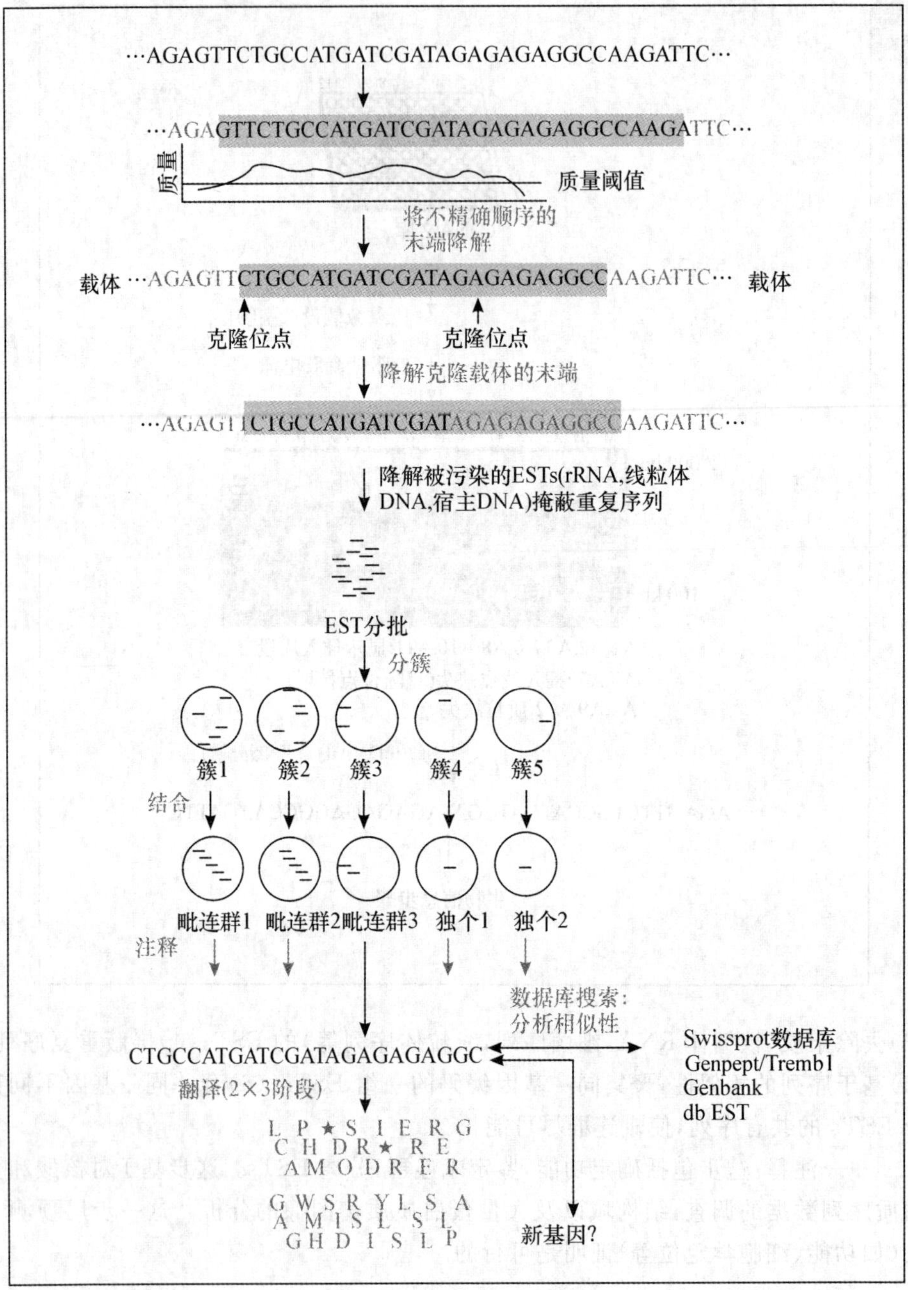

JEAN-MARC FRIGERIO AND VIRGINIE GARCIA

图解 22

DNA微阵列：DNA芯片，cDNA吸附膜

几年前，通过 Northern 杂交，RT-PCR 可同时对一个基因或几个基因进行基因表达分析。现在 DNA 微阵列技术可同时测量几千个基因甚至整个基因组的表达水平。这项技术发展于 20 世纪 90 年代中期，现在广泛应用于分子生物学和临床诊断学。

DNA 微阵列技术是一门多学科的技术，包括电子显微技术，核酸化学，图像分析以及生物信息学。几千个核苷酸样品放在固体基质上，如玻璃显微镜载玻片或尼龙膜，形成芯片。因为每个样品所占面积很小(在玻璃载物片上，通常直径 50～200 μm)，所以整个基因组的核苷酸样品，大约 3 000～30 000 个基因，可放置在同一个玻璃载玻片或滤膜上。在和标记的目标核酸进行分子杂交实验中，这些芯片可作为探针和标记的目标核酸杂交。因此，DNA 微阵列技术可同时测量一个基因组中所有的表达基因。这样 DNA 微阵列技术就从根本上改变了以前研究基因组的表达方法，因此被称为转录组分析。

DNA 微阵列技术这个术语可被应用到不同类型的技术中，在这些技术中，载体上核苷酸的类型不同，这些分子的固定方法也不同。有两种类型的芯片：互补 DNA(cDNA)滤膜和寡核苷酸阵列。通过光蚀刻法过程可直接在玻璃载玻片上合成寡聚核苷酸。通过机械的或电化学的点样法可以将已经合成好的寡聚核苷酸或 cDNA 放置到尼龙膜或玻璃载玻片上。在一个理想的支持物上，探针可以有效地固定在表面，并且探针可以和目标基因有很强的杂交。

在任何情况下，DNA 微阵技术都可以分析比较复杂的实验转录产物，包括不同组织中，不同发育时期，不同处理下积累的 RNA 群体。在图 78 和图 79 描述了这项技术的各个步骤。

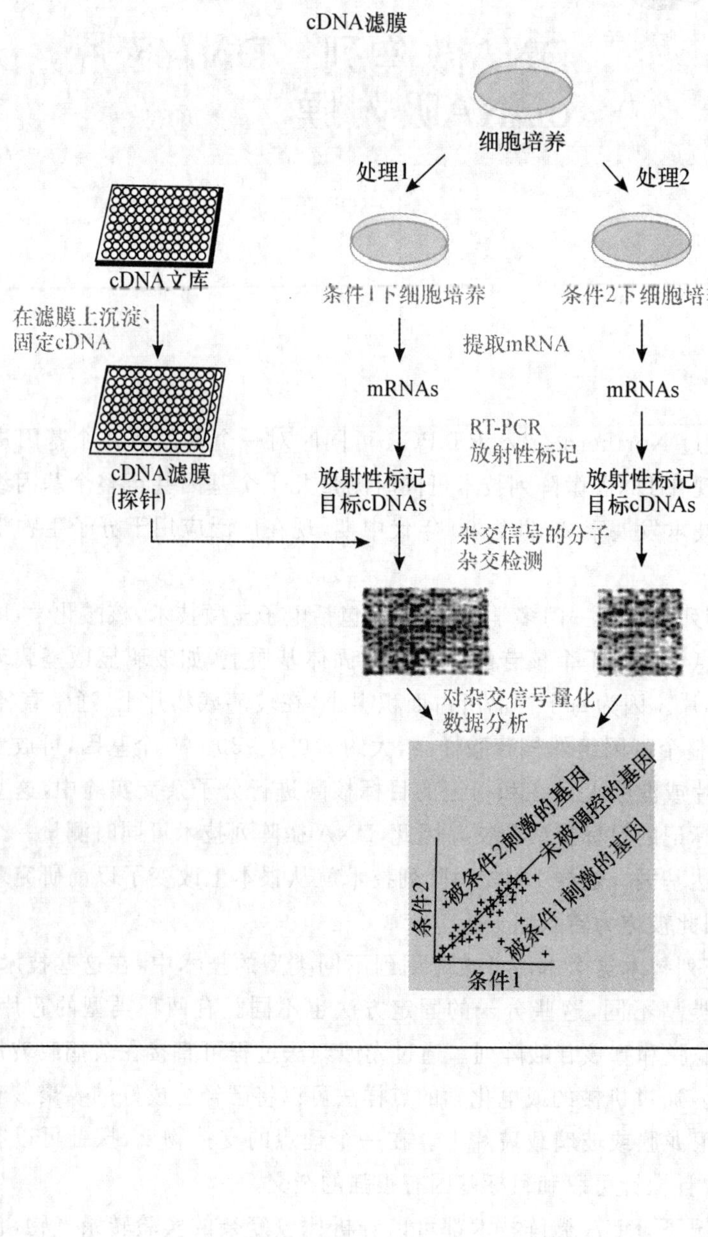
cDNA滤膜
细胞培养
处理1
处理2
cDNA文库
条件1下细胞培养
条件2下细胞培养
在滤膜上沉淀、
固定cDNA
提取mRNA
mRNAs
mRNAs
cDNA滤膜
(探针)
RT-PCR
放射性标记
放射性标记
目标cDNAs
放射性标记
目标cDNAs
杂交信号的分子
杂交检测
对杂交信号量化
数据分析
被条件2刺激的基因
未被调控的基因
被条件1刺激的基因
条件2
条件1

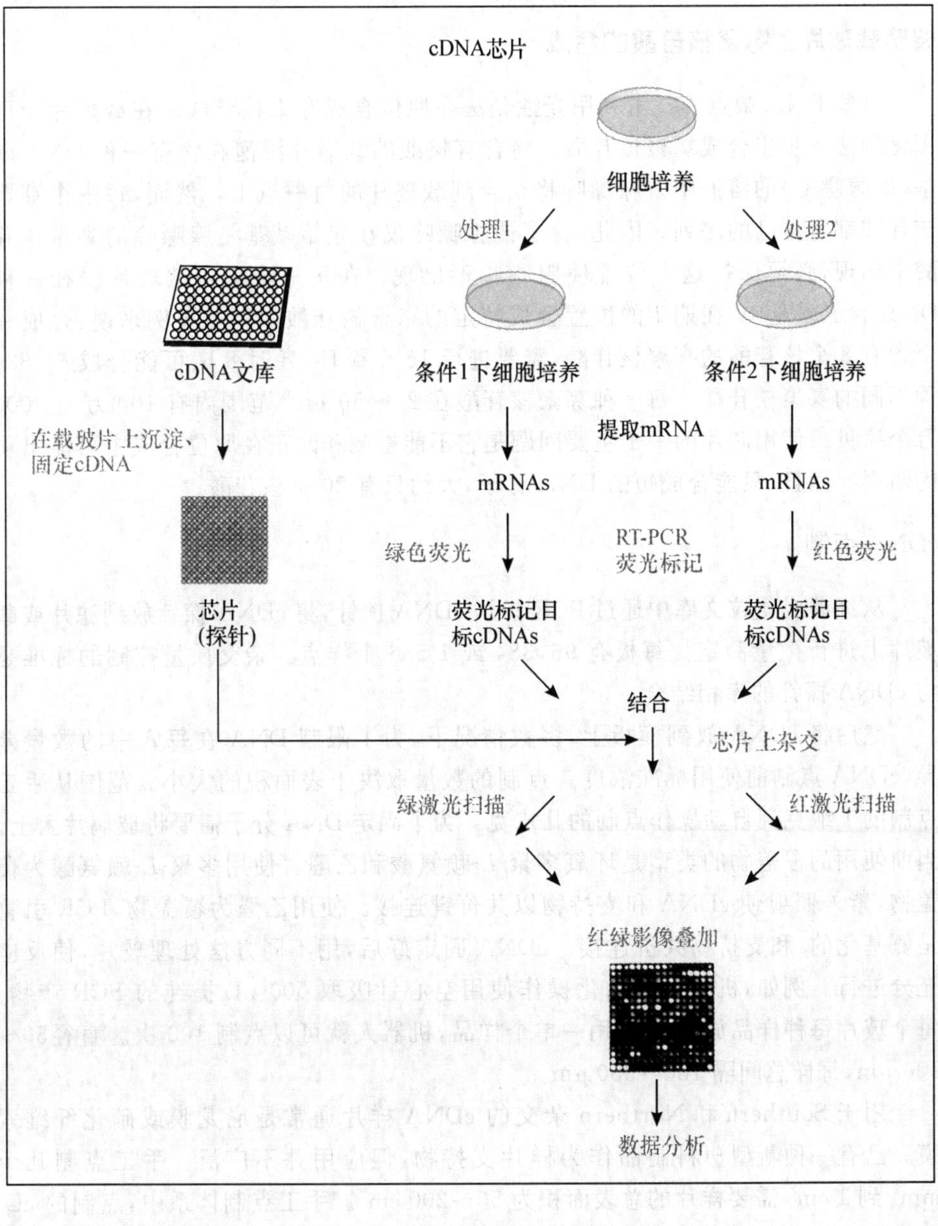

滤膜和玻璃片的制作

cDNA 可放置在滤膜或载玻片上，也可以在玻璃载玻片上直接合成代表组织器官特异基因的寡聚核苷酸。

玻璃载玻片上寡聚核苷酸的合成

一些DNA微点阵技术利用光蚀刻法在原位合成寡聚核苷酸。在载玻片上可用化学法一步步合成寡聚核苷酸。将含有核酸的载玻片浸泡在含有一种DNA碱基(如腺嘌呤)的溶液中。腺嘌呤将结合到载玻片的每一点上。然而,每一个寡聚核苷酸都有自己的序列。因此,为了使腺嘌呤仅在起始碱基是腺嘌呤的寡聚核苷酸中出现,必须保护这个位置使腺嘌呤不出现。在每一步都将载玻片浸在一种DNA含氮碱基中,在期望的位置合成特定的寡聚核苷酸序列。举例来说,合成一个含有8个核苷酸的寡聚核苷酸,需要进行16个循环,耗时8 h,可能合成65 536种不同的寡聚核苷酸。每一种寡聚核苷酸在20～50 μm^2 范围内有100万～1 000万个拷贝。使用芯片的一个主要问题是它不能检测和改正在原位合成中可能出现的错误。而且,只能合成短的DNA分子,大约只有20个核苷酸。

cDNA点制

从细菌或质粒文库中通过PCR扩增cDNA探针,将cDNA探针放到滤片或载玻片上进行微量测定。每板有96,384或1 586个样点。杂交质量控制的标准是与cDNA探针的库相结合。

然后将cDNA放到模板上,多数情况下,为了限制DNA在每穴中的数量差异,cDNA点制前使用标准浓度。点制的数量取决于表面积的大小。范围从手工点制的1纳克到自动操作点制的几皮克。为了固定DNA分子需要将玻璃片盖上。当前使用的覆盖物的类型是环氧多聚-*L*-赖氨酸和乙醛。使用多聚-*L*-赖氨酸为覆盖物,紫外照射使cDNA和支持物以共价键连接。使用乙醛为覆盖物,PCR引物是氨基化的,和支持物共价连接。cDNA固定好后,用不同方法处理玻片,使反应充分进行。例如,机器人自动化操作使用空心针吸取500 nL提纯的PCR产物。每个玻片每种样品放5 nL。用一单个样品,机器人就可以点制100次。直径50～200 μm,每样总间隔180～350 μm。

用于Southern和Northern杂交的cDNA样片通常是尼龙膜或硝化纤维素膜。已有一种新型塑料制品作为样片支持物,但应用并不广泛。手工点制几个 mm^2 到1 cm^2 需要样片的总表面积为50～200 cm^2。手工点制体系中,点制的cD-NA的单位面积,决定了样片上cDNA的最终密度。自动操作情况下,装有5个针的机械臂通过毛细管作用吸取和点制cDNAs。点制范围为1 pL～1 nL。点制的最大密度取决于样片的物理性质以及组成靶DNA的放射性元素放射的波长。使用放射性物质是为了显示杂交,这种样片可杂交的密度很小,且不等同于玻璃片上的cDNA密度。把cDNA点制到样片上后,紫外照射使其和样品共价连接。

为了得到杂交后的靶DNA,将cDNA变性成为单链。用NaOH(浓度为0.1～0.5 mol/L),将点制后的探针变性。

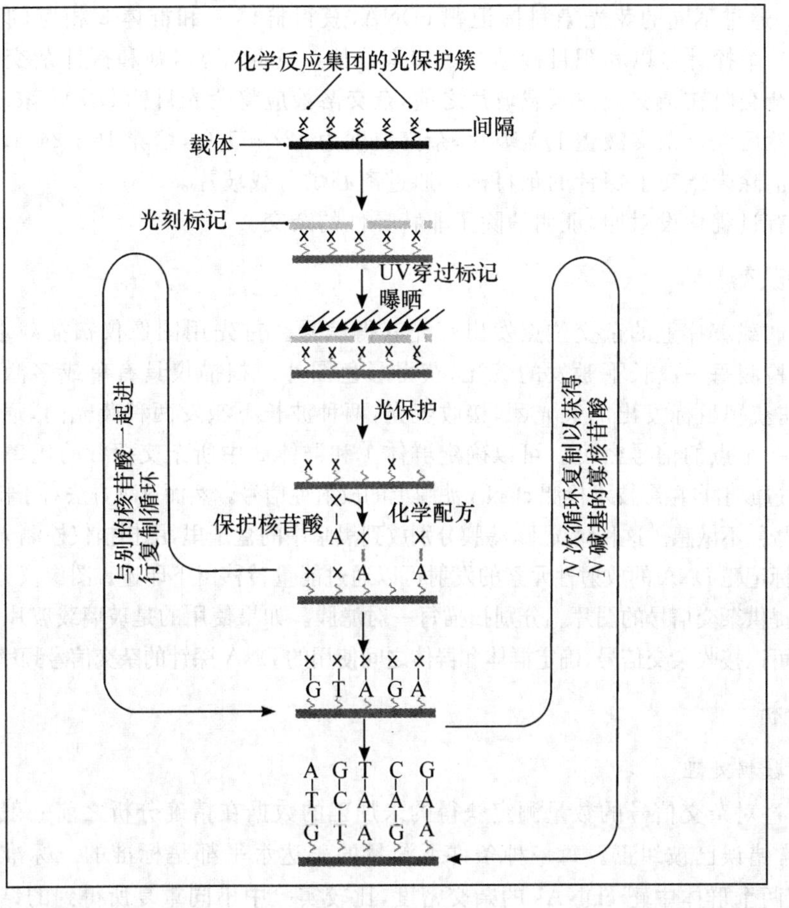

方法

标记和杂交

从组织中提取 RNA,经反转录酶的作用将 RNA 分子翻译成单链 DNA(见图解 27)。将 cDNA 经放射性标记后点制在 cDNA 样片上或经荧光标记点制到玻璃片上,用经过修饰的核苷酸碱基合成 cDNA(见图解 11)。反转录过程需要大量的 RNA(几微克)。当生物样品材料很少时,用 PCR(RT-PCR)扩增单链 cDNA。通过这种手段可获得大量双链 cDNA,然后用传统方法标记这些 cDNA(见图解 11)。

关于杂交 cDNA 滤膜,具有代表性的 Southern 或 Northern 实验方法,在杂交之前先在样片上进行预杂交以饱和非特异位点。第一种样片和靶 DNAs 的群体 1 杂交。第二种样片和靶 DNAs 的群体 2 杂交。对于杂交将单链或双链靶 cDNA(标记有放射性)滤膜和杂交缓冲液存在下放到密闭环境中(管、箱子、盒子)的滤片上用于杂交(见图解 12)。然后冲洗消除探针和靶 DNA 之间的非特异性杂交。

cDNA 滤膜和玻璃载玻片的主要区别是,后者可以比较两种情况下标记的靶

cDNA。通过不同的荧光染料标记靶 cDNA，获得群体 1 和群体 2 相应的荧光信号。每一个探针可以和靶目标结合。如果群体 1 含量丰富，则和探针杂交的机率就大。杂交时在杂交液注入载玻片之前，杂交溶液应将荧光目标 DNAs 浓缩，并摩尔混合然后注入杂交液盖上盖玻片，杂交温度为 42～65 ℃，培养 16～24 h。最后，冲洗以消除未杂交上探针的靶目标。通过离心烘干载玻片。

所有过程均设对照，证明消除了非特异性的杂交。

数据的获得

玻璃载玻片上的杂交位点发出荧光获得信号。首先用图像仪扫描载玻片，可以分别检测每一波长下激发的荧光，获得彩色图片。扫描仪具有单或多激光发射系统，捕获靶目标发出的荧光团，接收荧光，两种波长下激发两种荧光团，通过软件测量每一个点的信号密度。可以确定群体 1 和群体 2 中所杂交探针的比率。

通过放射自显影技术检测 cDNA 滤膜上的放射性信号。然而这种方法对于检测低密度的信号并不敏感。这种情况下，滤膜分别放到黑暗中的盒子里，用扫描仪检测光敏感的部分。标记靶 DNA 的放射性元素的发射可以通过能量转移留下印迹。图像仪分析这些印迹并提供杂交信号的图片。分别扫描每一对滤膜。如果使用的是玻璃载玻片，数像测定软件可以接收杂交信号，确定群体和群体之间使用的 DNA 探针的杂交信号频率。

数据分析

- 数据处理

通过对杂交信号的数量测定获得的未加工的数据在精确分析之前一般是正确的，通常错误已被纠正。每一种条件下测量的表达水平都是标准的。标准校验用来平衡两个群体中靶 cDNAs 的杂交密度，比较实验中不同重复所得到的结果。标准校验基于每种条件下测量的所有信号的总和。如果使用的是玻璃载玻片，两份相同的 RNA 样品标记上不同的荧光团，在相同的载片上杂交，由于荧光团可看到明显的错误。在这种情况下，不可能有相同的密度成比率。由于荧光团的物理性质不同、效率不同以及实验的可变性可能会导致错误产生。

纠正后的数据可以用来分析表达图像，在分析之前可通过不同的转换方式减弱误差背景。

- 复制

基于 cDNA 滤膜或玻璃载片的技术可以用数量表示基因的表达水平，并且是有效的。然而，在重复实验中会发生很大变化。事实上，有多种步骤可以减少这种错误。如探针（cDNAs 或寡聚核苷酸）的点制，反转录步骤，PCR，靶 cDNAs 的标记，杂交步骤，冲洗过程。因此，有必要用统计学的方法分析数据，如方差分析（ANOVA），主成分分析（PCA），或者 t 检验。

- 分析方法

最简单的方法是比较实验条件下和未处理条件也叫参考条件下的转录水平。将获得的每一个基因的正确的数字组合在一起。这样可以显示不同条件下不同基因的表达水平。(一个轴代表条件 A,另一个轴代表条件 B)。同样也可确定两种条件下的调控水平。位于二等分线处的点代表的基因在每一种条件下具有相同表达水平。远于二等分线的点是可调控的。这种分析方法对于识别强调控的基因是实用的。然而,当实验数据过多时,这种图表就不适用了,必须找到其他方法代表这些数据。

比较不同处理条件时,可迅速获得大量数据(成千个基因,多种条件,多次重复)。在解释这些数据之前首先对数据进行筛选。第一步筛选用统计学分析法消除实验条件下未表现出调控作用的基因。通过多种方法筛选通过统计测验的那些基因,根据它们的表达谱将其分组。此筛选可用不同的算法公式,但都依赖于相同的原则:分析基因表达谱的距离。这些基因被不同实验下获得的表达水平和表达率对应的工具同化。根据不同表达图谱间的间距,然后取代这些工具处理后的基因从多个实验中的角度考虑,通过距离分析将基因或对归组依照功能在不同角度化归最小的距离,(分数聚类)或者定义几个标准,进行相似同基因归组(K 值方法自组织图谱)这些组能按级归类在一个相同的树上,以通过不同表达谱显示距离,这些树最常用的是和一些彩色矩阵相联系,以反映表达水平或每个基因的调控水平在调控关系矩阵中,颜连符号是通过已知的色彩来模拟基因表达(表达率>1),用第 2 种色彩反映表达渗入(表达率<1)。固定表达的基因用黑色表示。

cDNA 滤膜或玻璃载片

cDNA 滤膜或玻璃载片都有其自身的优点和局限性。

cDNA 滤膜的一个优点是经济,无论是给工具还是材料的获得都容易。许多实验室都可以做 Southen 或 Northern 杂交,可操作放射性元素。使用 cDNA 滤膜需要一定的杂交技术(杂交缓冲液的优化,冲洗,放射性元素 ^{33}P 的选择)和具有高分辨率扫描的仪器设备。可通过简单的人工点制制备滤膜。许多公司提供使用机器人点制 cDNA 服务,并提供已经制备好的一些模式生物(酵母、拟南芥)的滤膜。人工放置几百个 cDNAs 到滤膜上可检测实验中常见的遗传表达。cDNA 滤膜的另一个优点是可重复利用几次。cDNAs 探针杂交上的靶核苷酸可以解除杂交。根据滤膜的成分不同,它们可被重复利用 2～6 次。

尽管,玻璃片优于尼龙,可以忍耐高温和冲洗。但由于玻璃无孔,因此限制了杂交,增加了目标和探针之间杂交的动态性。因为玻璃自身荧光低,因此出错少。最终,两个以上标记的不同荧光团的探针可同时杂交,进行行或列的分析。因此,在同一玻璃载片可以直接进行靶目标和对照的比较分析。

应用

基因表达谱

此技术主要应用于基因表达的研究。通过这种方法可以收集不同实验条件下用同一生物对照材料得到的表达图谱和调控模型。这项技术对于诊断很有效。利于研究者研究生物成非生物胁迫对生物材料的影响。同样,可研究基因的动态表达。

调控子的检测

根据表达图谱得到的基因簇表明基因簇共表达。它们以同样方式响应不同生物条件的检测,构成一个调控单元(受单个转录因子支配的一组基因),在这些基因(启动子)附近有共同的调控序列存在。

如果一个基因,并不知道它的编码功能,但它和一组已知功能的基因连在一起,则可以通过调控单元的基因簇预测这个基因的功能和细胞种类。

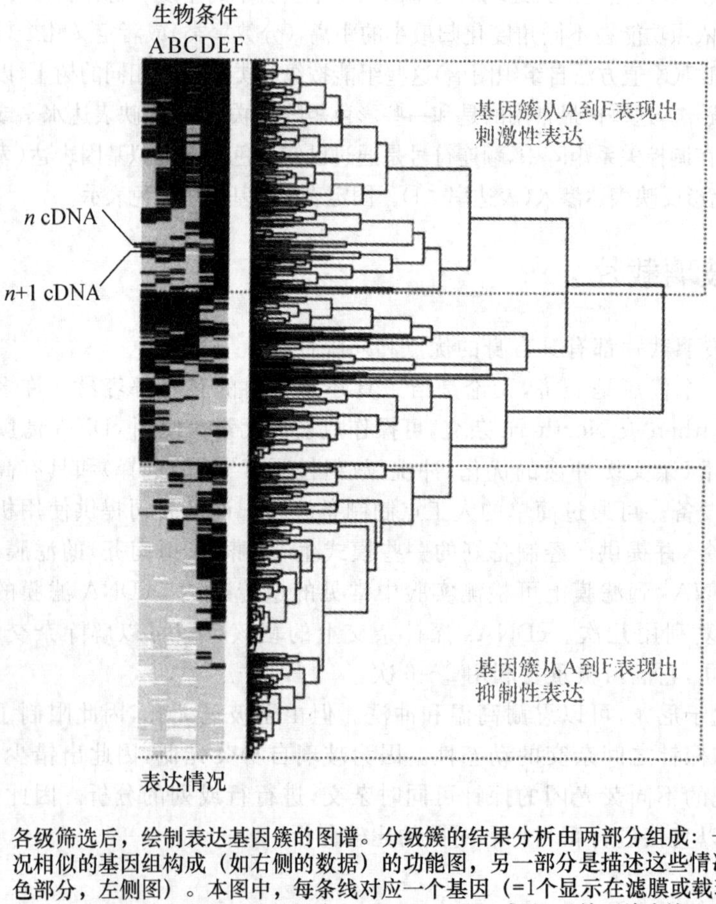

各级筛选后，绘制表达基因簇的图谱。分级簇的结果分析由两部分组成：一部分是由表达情况相似的基因组构成（如右侧的数据）的功能图，另一部分是描述这些情况的色彩矩阵（灰色部分，左侧图）。本图中，每条线对应一个基因（=1个显示在滤膜或载玻片上的cDNA），每一栏对应在给定条件下表达的水平（A, B, C, D, E或F）。并可给出这一基因在测试条件和参考条件下表达水平的比例。当基因的表达被激活（比例>1）,将被描述为黑色；当基因的表达被抑制（比例<1）,将被描述为黑色。被分析的编码色通常在插入序列中表现。右侧是对表达基因间的距离进行分析的结果，它可通过基因的表达情况和相似的基因簇进行基因分类。

其他应用

DNA 微点阵技术可以对新发现的药物分子或杀虫分子的基因组进行分析。例如，可以用一些寡聚核苷酸寻找全基因组的多态性或突变体，特别是单个核核酸的多态性（见图解 56）。DNA 芯片可在不同水平寻找激活分子，通过识别一系列共调控的基因来研究新陈代谢途经。DNA 芯片可研究基因表达图谱，识别一个分子可能的未知的功能。这个领域即为“药物基因组学”。

KARINE HUGO AND SÉBASTIEN DUPLESSIS

V

基因鉴定

图解 23

DNA测序

通过测序进行基因鉴定。测序揭示了一个基因的不同限制位点，由此可以便于更好的了解复制。同样，用计算机将核苷酸序列翻译成氨基酸序列可以证实或推测一个基因编码的蛋白功能。

DNA 测序法有多种，本文仅介绍双脱氧核苷酸酶法测序。由脱氧核苷酸修饰而来的双脱氧核苷酸可渗入到合成的 DNA 链中，阻止下一个核苷酸的掺入。

原理

一个核酸引物和一段已知序列的单链 DNA 杂交。在 DNA 聚合酶的作用下合成模板 DNA 的互补链。其中一种脱氧核糖核苷酸经放射性标记或荧光标记。将混合物分配到标有 A、C、G、T 的四个管中。每一个管包括四种 dNTPs 和一种 ddNTPs。在延伸中，每一管的 ddNTP 掺入到链中。

ddNTP 掺入到一个新的位置，则链的延伸终止，最后得到一组在同一个 ddNTP 处终止的大小不同的分子。如果有足量的 dNTP 和相应的 ddNTP，可以合成终止于 ddNTP 处的所有 DNA 片段。变性后可以通过聚丙烯酰胺凝胶电泳或毛细管电泳，对四个管中的 A、C、G、T 组分进行分析。新合成的标记的片段根据其大小在最相近的碱基处分离。当分子在凝胶中分离后，通过放射自显影或荧光法阅读。通过比较四种条带中链的相关位置，可从下到上阅读新合成链的 5′-P 到 3′-OH 端。

自动测序

用荧光标记分子，可以自动阅读凝胶并获得数据。在凝胶移动过程中，通过可

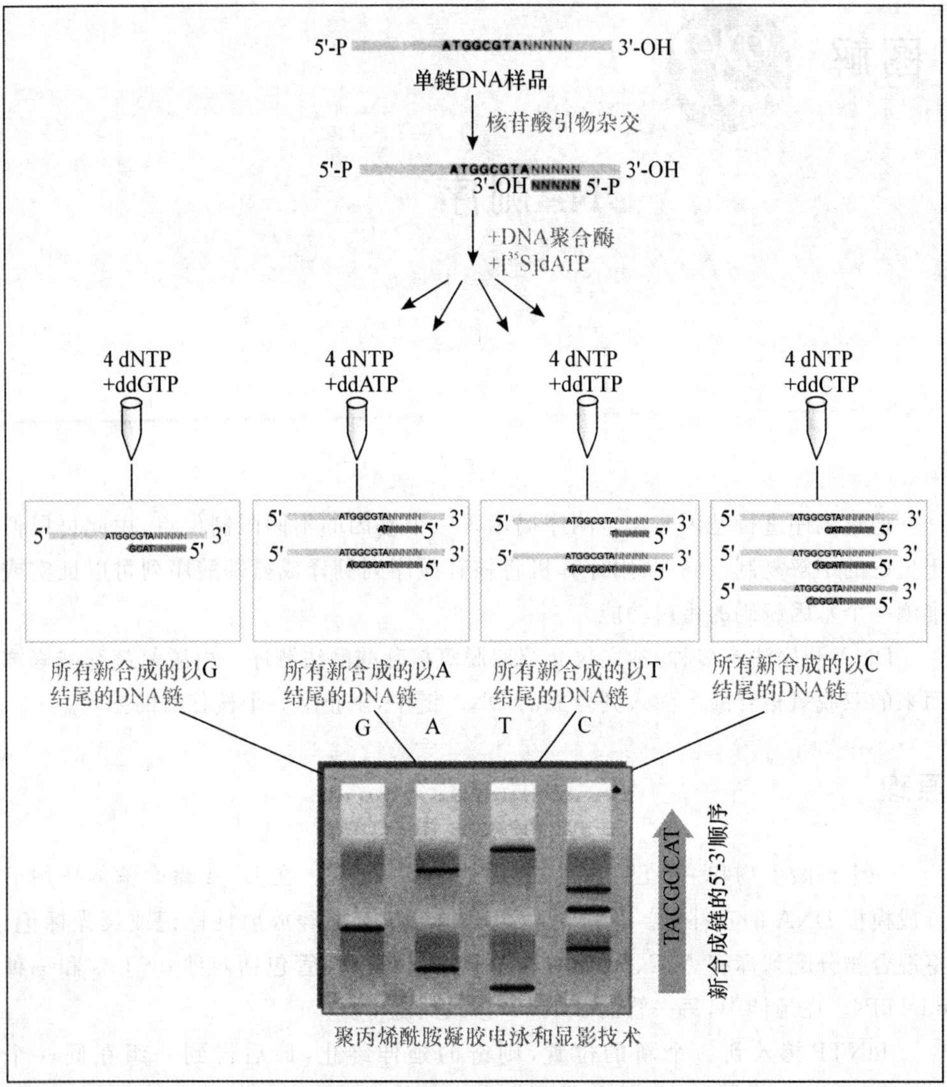

以识别标记分子的激光器检测样品。毛细管电脉具有更好的自动装置。样品是连续的放置在一个自动加样器上，仪器自动吸取样品加到毛细管上。这种方法不需要聚丙烯酰胺凝胶。自动测序仪在几小时内可分析 96 个样品。测序反应也是自动的，由连接到 PCR 仪上的机器人来执行。

在染料引物法中，通过荧光基团或染料标记测序反应所使用的引物。反应在四个分离的管中进行。每个管中含有一种用荧光团标记 ddNTP 的引物。反应中所使用的 DNA 聚合酶是热稳定性的。聚合反应在 PCR 仪中进行，每个循环包括三个步骤：变性、杂交、延伸（见图解 24）。在反应结束时，通过聚丙烯酰胺凝胶电泳或毛细管电泳分离变性的 DNA 片段。通过可识别荧光基团的激光装置将 DNA

片段移出凝胶进行自动分析。结果显示在计算机上，通过软件绘出相应序列的层析图谱。

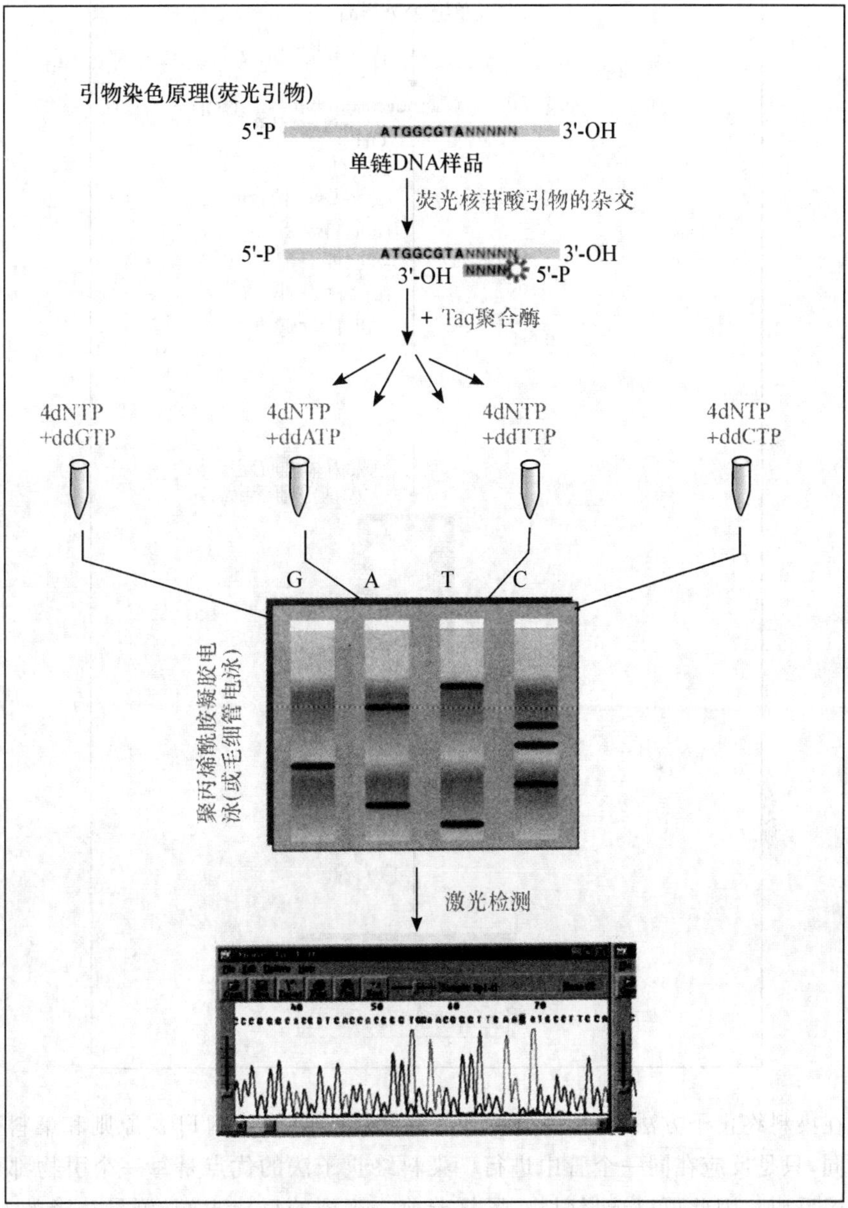

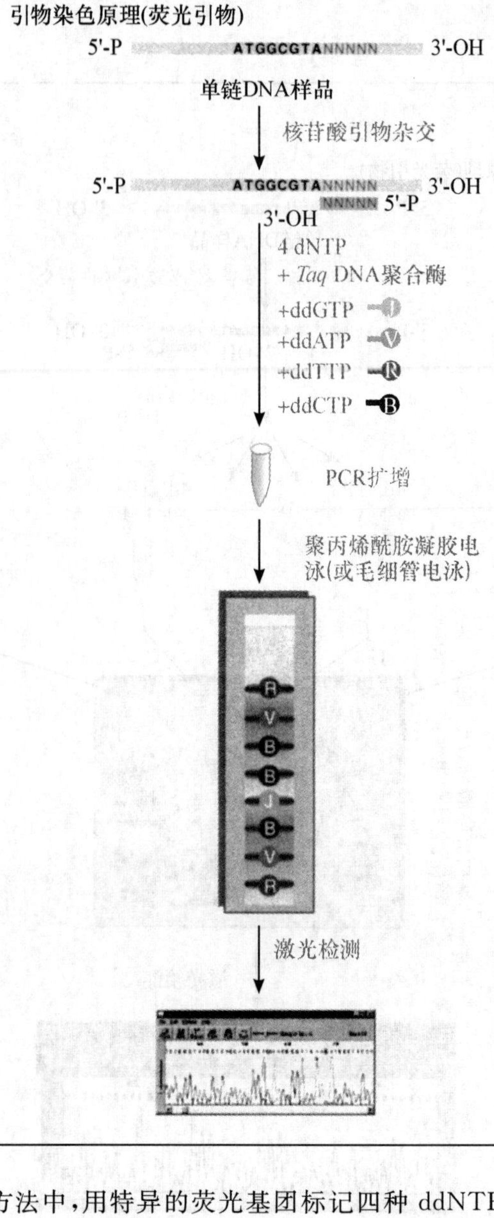

在染料终止子方法中，用特异的荧光基团标记四种 ddNTP。原则和染料引物法相同，只是反应在同一个管中进行。染料终止子法的优点是每一个引物都可用于测序反应。因此可以选择引物，紧接着前一序列的反应末端，测量克隆的 DNA 大片段的序列。此法在目前经常使用。

FRANÇOISE MONÉGER AND DENIS TAGU

图解 24

PCR：多聚酶链式反应

在特定核苷酸和DNA聚合酶存在条件下，PCR可以通过重复延伸反应来有效扩增DNA序列。这项技术的发展源于嗜热真菌的发现，栖热水生菌生活在黄石国家公园70～75 ℃的热泉中。随后聚合酶的使用也促进了其发展，聚合酶在100 ℃高温下仍然稳定。

原理

扩增的原理在于三个步骤的重复：

- 双链DNA在95 ℃条件下热变性，获得单链DNA分子。
- 在40～65 ℃之间退火，目标单链DNA和相应的寡核苷酸探针杂交。
- 在最适温度72 ℃进行延伸反应，使用Taq聚合酶。

第一个循环的产物再通过热变性。引物和第一个扩增循环得到的DNA链杂交。每一条链作为聚合酶的模板。在每一循环中DNA片段的拷贝数目加倍。在n个循环后得到2^n个分子，例如：20个循环将得到1 048 576个分子。

在分子生物学研究中，PCR技术具有革命性。PCR技术在分子克隆，基因表达和遗传学多态性的研究中具有很多应用。

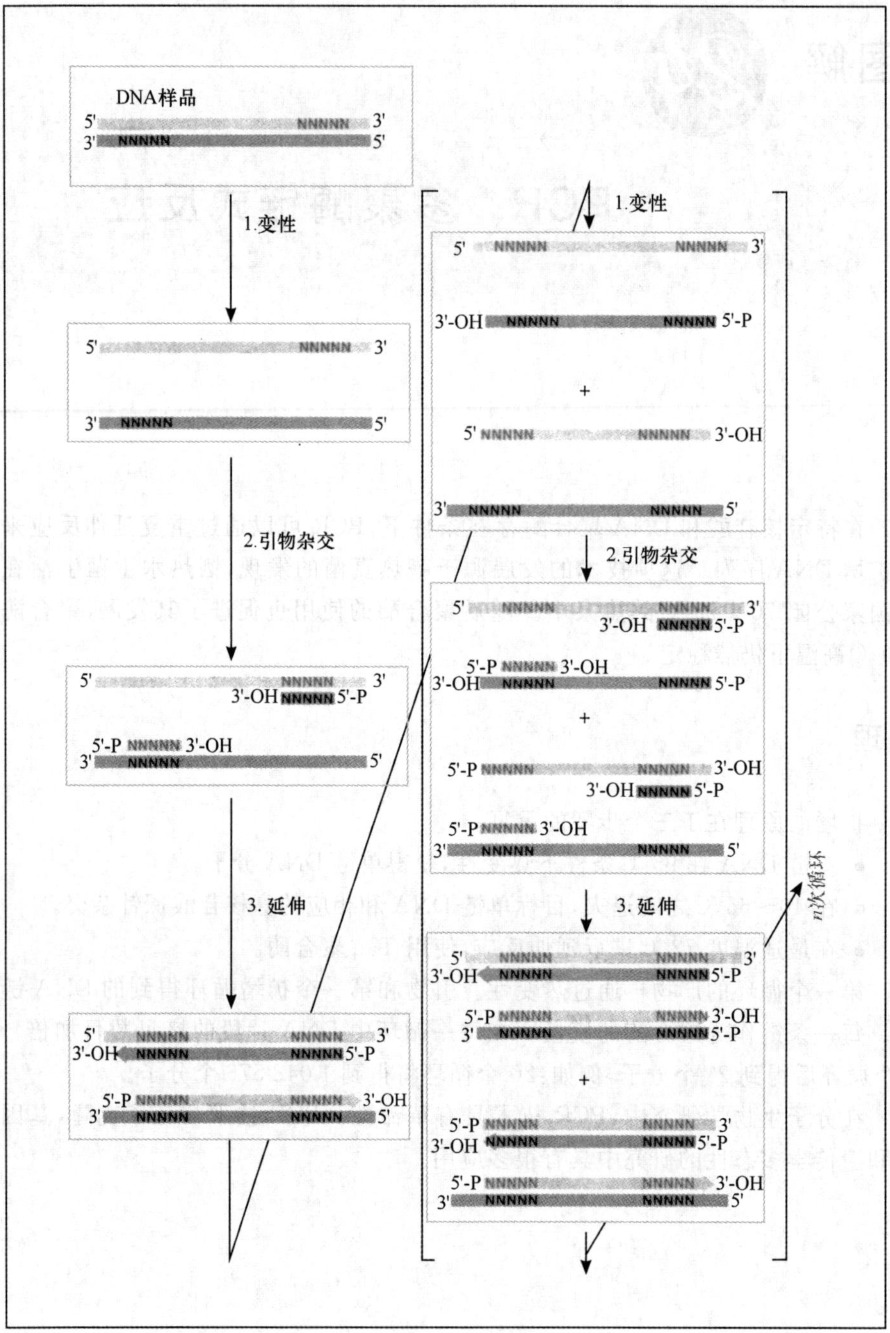
DNA样品
5' NNNNN 3'
3' NNNNN 5'
1.变性
5' NNNNN 3'
3' NNNNN 5'
2.引物杂交
5' NNNNN 3'
3'-OH NNNNN 5'-P
5'-P NNNNN 3'-OH
3' NNNNN 5'
3. 延伸
5' NNNNN NNNNN 3'
3'-OH NNNNN NNNNN 5'-P
5'-P NNNNN NNNNN 3'-OH
3' NNNNN NNNNN 5'
1.变性
5' NNNNN NNNNN 3'
3'-OH NNNNN NNNNN 5'-P
+
5' NNNNN NNNNN 3'-OH
3' NNNNN NNNNN 5'
2.引物杂交
5' NNNNN NNNNN 3'
3'-OH NNNNN 5'-P
5'-P NNNNN 3'-OH
3'-OH NNNNN NNNNN 5'-P
+
5'-P NNNNN NNNNN 3'-OH
3'-OH NNNNN 5'-P
5'-P NNNNN 3'-OH
3' NNNNN NNNNN 5'
3. 延伸
5' NNNNN NNNNN 3'
3'-OH NNNNN NNNNN 5'-P
5'-P NNNNN NNNNN 3'-OH
3' NNNNN NNNNN 5'-P
+
5'-P NNNNN NNNNN 3'
3'-OH NNNNN NNNNN 5'-P
5'-P NNNNN NNNNN 3'-OH
3' NNNNN NNNNN 5'
n次循环

图解 25

RACE：cDNA末端的快速扩增

在构建互补 DNA 文库时(见图解 15)，5′-P 末端序列(即 cDNA 的起始序列)，通常是缺失的。因为从 3′-OH 末端开始合成的反转录不能够完全合成 cDNA(见图解 27)。而且，当用随机的六核苷酸引发合成 cDNA 时，mRNA 的 5′-P 末端或 3′-OH 末端是缺失的。因此，丢失了分子末端的信息。为了快速合成互补的 mRNA 末端，产生了一种基于 PCR 的技术(见图解 24)，这就是 RACE 技术或叫快速扩增 cDNA 末端。

根据一个相同的基本原则可以获得 mRNA 的 5′-P 末端或 3′-OH 末端的序列。即使用 PCR 技术扩增 cDNA，此 cDNA 和分子的某一特定位置与分子一端(5′-P 或 3′-OH 末端)之间的 mRNA 相对应。在这两种情况下，必须知道所研究的截短 cDNA 的部分序列。

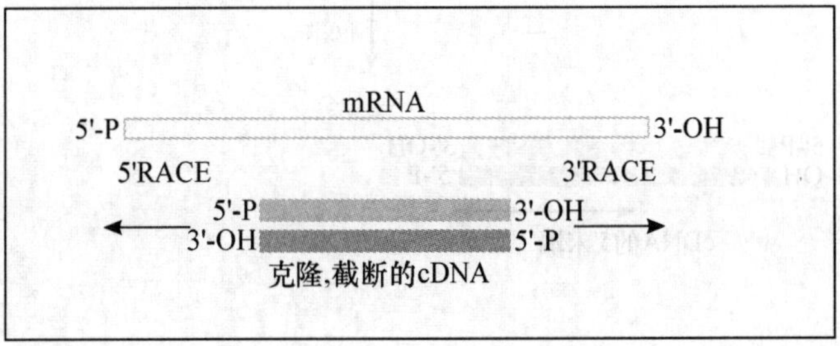

5′RACE

原理：首先从组织中提取 mRNAs，通过反转录合成 cDNAs。反转录使用寡聚核苷酸作为引物，引物和克隆的基因序列特异杂交。反转录完成后，通过 RNase H 或 NaOH 处理消除 mRNAs。在获得的单链 cDNA 的 3′-OH 末端连接上一段已知序列的寡聚核苷酸。这段序列通常是 poly-C 或 poly-G。然后使用基因的特异引物和一个与 poly-C 或 poly-G 互补的引物，通过 PCR 扩增已修饰的单链 cDNA。可获得双链 DNA 片段，并进行序列鉴定(见图解 23)。

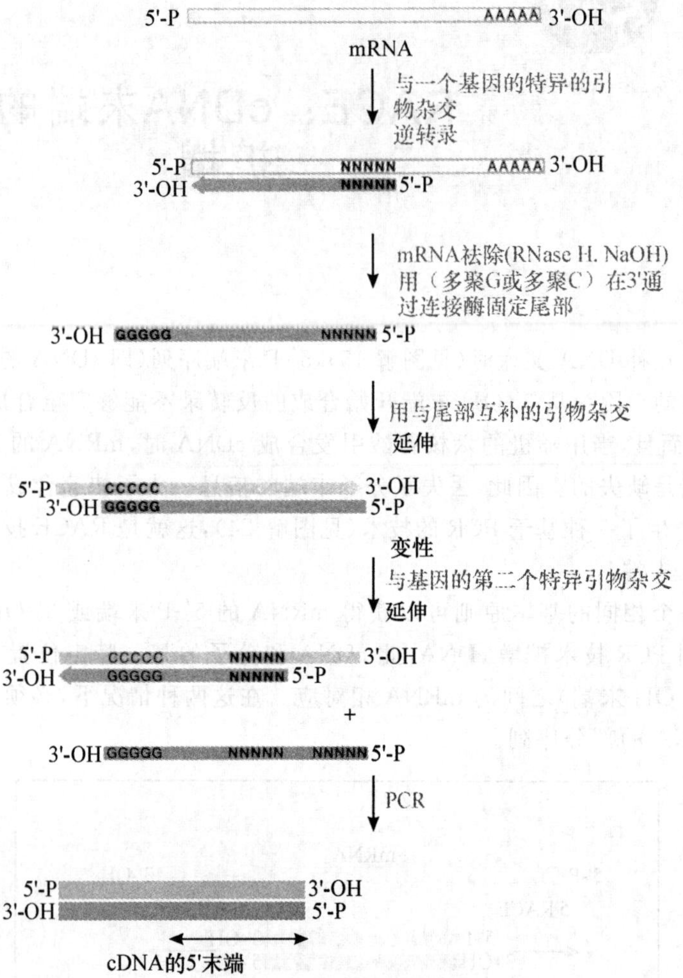

3′RACE

原则如下：

• 反转录合成 cDNA。通过使用已知序列的 5′-P 端含有 poly-T 的寡聚核苷酸作为引物，和 mRNAs 的 polyA 末端杂交。

• PCR 扩增 cDNA 片段。第一个引物和接头寡聚核苷酸的互补序列杂交，第二个引物和基因特异杂交。可以获得双链 DNA 片段，并进行序列鉴定。

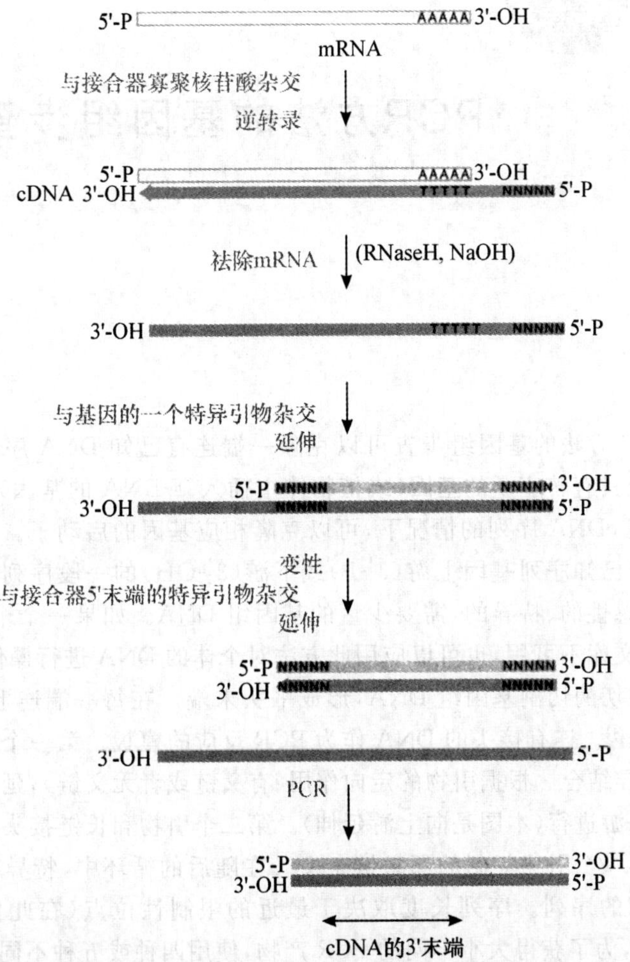

LAURENCE DAMIER AND DENIS TAGU

图解 26

PCR方法的基因组步查

通过PCR方法的基因组步查可以克隆一端连有已知DNA序列的基因组序列。例如克隆具有转座子的基因(或植物体中插入T-DNA的基因)(见图解45),甚至在不知道cDNA序列的情况下,可以克隆相应基因的启动子。这项技术可以用来鉴定位于已知序列基因上游(5′-P)或下游(3′-OH)的一段序列。这种方法是快速的、高敏感性的、特异的,需要少量的基因组DNA。如果一个个体(例如突变体)的基因组文库不可用,也可以应用此方法对个体的DNA进行操作。

限制性内切酶切割基因组DNA,形成平头末端。在每一端连上接头,其中一头比另一头长①。连有接头的DNA作为PCR反应的模板。第一个引物和已知的DNA序列特异结合。根据引物的定向作用(有义链或者无义链),延伸反应沿着序列的上游或下游进行(本图是向上游延伸)。第二个引物和长链接头具有相同的序列。它只和第一个引物复制的那条链杂交。在随后的循环中,特异扩增特异的引物和接头之间的序列。序列长度取决于最近的限制性位点(在此位点上酶切割DNA)。通常,为了获得大小不同的PCR产物,使用四种或五种不同的酶。

为了进一步研究新得到的序列,可设计新的引物重复此过程。因此,连有一对接头的基因组DNA片段群体可重复使用。包括用于基因组步查的一类基因组文库。

---

①在PCR中,在接合器的短链DNA的3′-OH可通过一个氨基基团阻塞,针对长链可以防止这条链的非特异延伸。

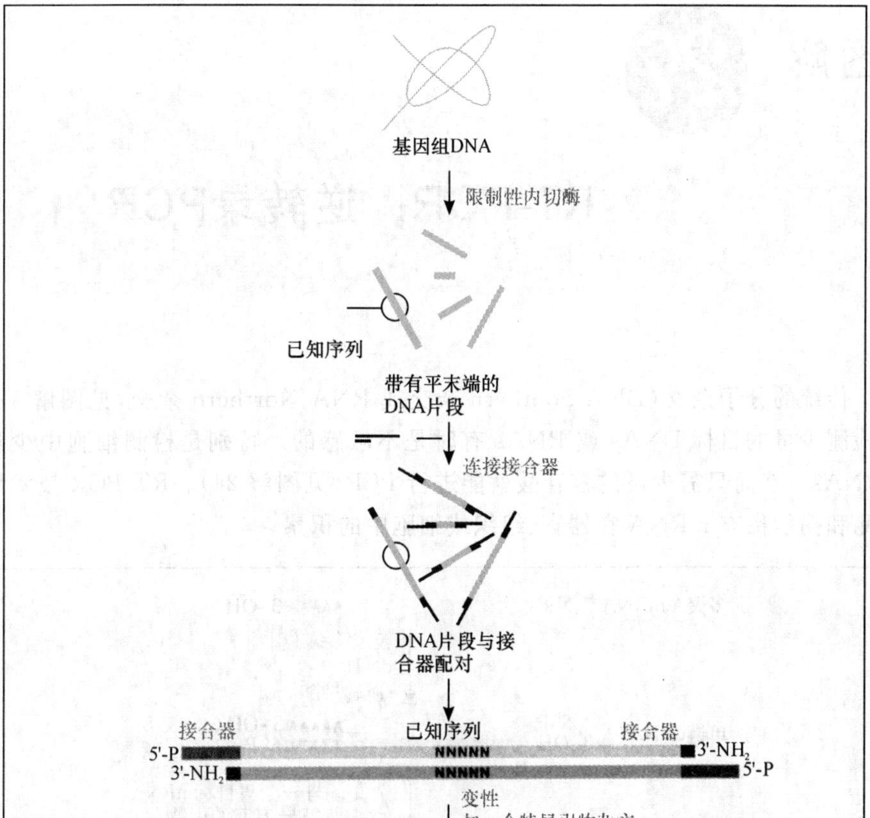

FRANÇOISE MONÉGER

图解 27

RT-PCR：逆转录PCR

传统的分子杂交(DNA Southern 杂交或 RNA Northern 杂交,见图解 12)对于检测少量的目标 DNAs 或 RNAs 有时是不敏感的。特别是检测细胞中少量的 mRNAs。然而只需少量的核苷酸就能进行 PCR(见图解 24)。RT-PCR 技术用来检测和揭示稀有 mRNA 在器官、组织或细胞中的积累。

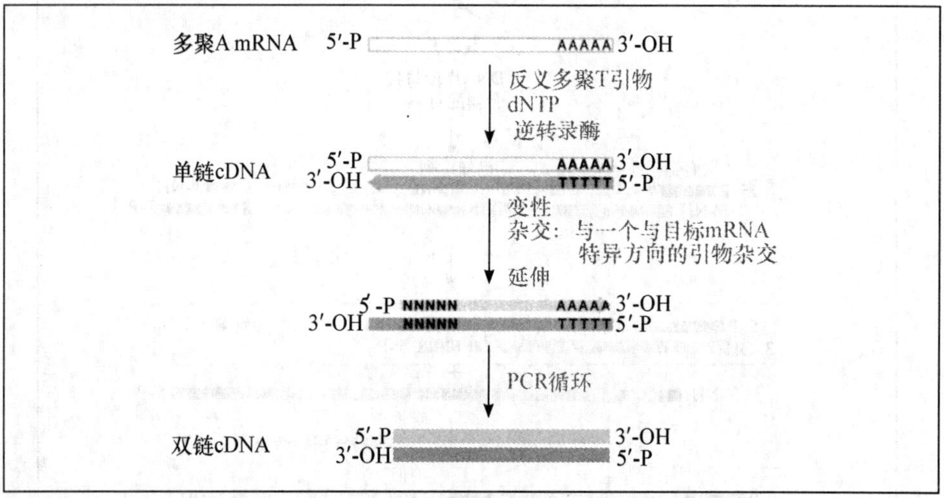

原理:从组织中提取总 RNAs,通过反转录合成单链 cDNAs。得到的 DNA 分子用作 PCR 反应的模板,并使用目标 RNA 序列的一对特异引物。通过凝胶电泳观察 PCR 循环的产物①(见图解 24)。这项技术的难点是基因组 DNA 会造成 RNA 的污染。核苷酸引物可以和从 RNA 得到的单链 DNA 结合,也可以和基因组 DNA 污染物结合。一个解决办法是提纯 Poly(A)RNAs。用 DNA 酶处理 RNA 样品,可消除基因组 DNA。其中,所使用的 DNA 酶必须是纯的,没有核酸酶活性。另外,如果可能的话,可以选择连有内含子序列的一对引物。如果在准备过程中,基因组 DNA 造成了污染,扩增将得到更多的片段。

①在凝胶中的 DNA 也能够被接着转移到尼龙膜上,并进行分子杂交以保证从对应研究序列中获得扩增产物。

这项技术可以用来评定一些样品中转录物的相对数量，也可以评定这些转录物在不同处理或不同组织中的积累水平。困难在于必须明确两点：①相比较的样品在开始时具有相同数量的 RNA。②呈线性扩增。这需要一些内在的标准，如共扩增目标基因或此过程不受调控的基因。在这种情况下，加入两对引物，一个识别目标基因，另一个识别调控基因，即可进行扩增。

这项技术还可以评估一个样品中 RNA 出现的数量：定量 RT-PCR。在定量 RT-PCR 中，使用荧光标记检测合成的 PCR 产物。这项精确的、特异的技术使用和目标 RNA 互补的荧光探针标记物。这个探针含有 20～30 个核苷酸，5′-P 末端共价连接一个荧光基团，3′-OH 末端共价连接一个荧光抑制剂。荧光探针和两个引物之间的目标 RNA 杂交。在 DNA 合成时期，探针被降解（被合成的 DNA 分子取代），发出荧光。因为降解导致探针破碎，使荧光基团和荧光抑制剂分离，因此，荧光基团可发出荧光。

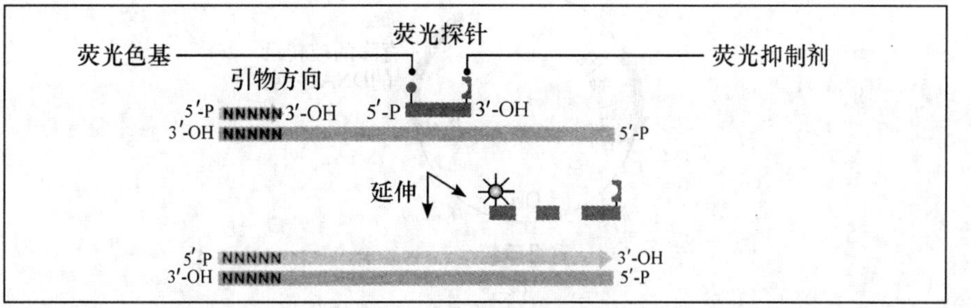

在指数扩增时期，发射的荧光和反应中合成的 DNA 数量呈一定比例。通过和标准曲线对照可以确定复制初期 mRNA 的数目。许多方法可以优化结果。例如，扩增小的 RNA 片段（最多 200～1 200 个核苷酸）；在进行 PCR 时，探针可以和目标 RNA 稳定杂交。另外，必须分析两个或三个稀释的样品，来限制标准范围。因为这种方法的特异性，并且可以使用不同的荧基团，因此在一个 PCR 反应中可使用多个荧光探针。这项技术的一个应用是可以使用等位基因特异的探针来揭示遗传多态性。

Daniéle Giblot and Jean- Louis Hilbert

图解 28

体外转录

大量纯的 mRNA 可以用来研究 RNA 的拼接机理以及作为杂交探针。

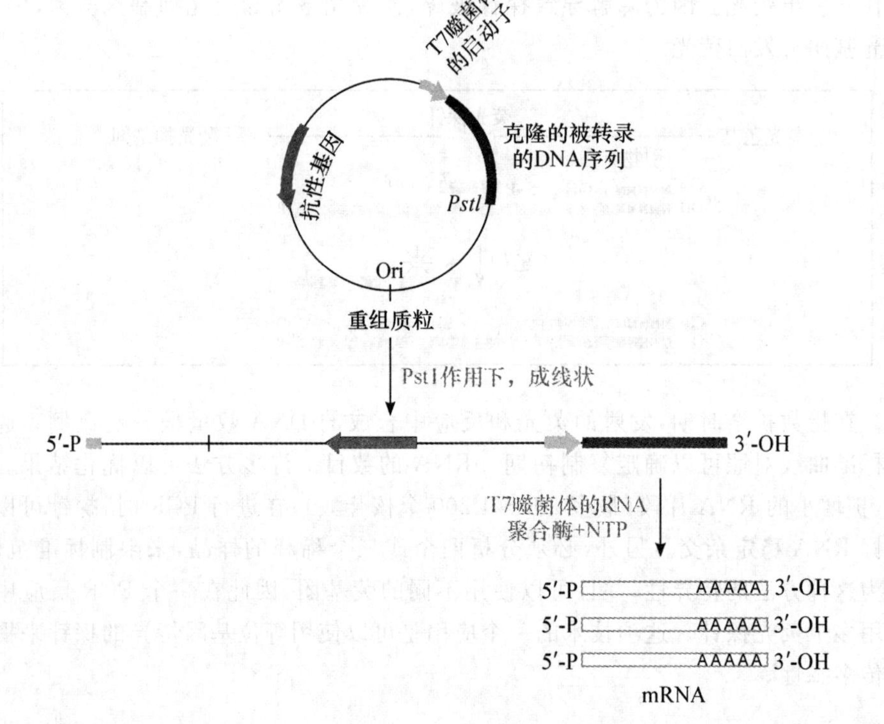

通过噬菌体(T7,T3 或 SP6)RNA 聚合酶可以在质粒或噬菌粒启动子下游克隆编码 RNA 的 DNA 序列。通过限制性酶切割模板 DNA 线性化末端序列。在核糖核苷酸存在下,RNA 聚合酶起始启动子转录,合成和 DNA 序列互补的 RNA 链。如果用放射性标记或化学标记其中一种核苷酸,可以产生标记的 RNA。当 RNA 聚合酶到达线性化质粒分子末端时,转录终止。

LAURENCE DAMIER

图解 29

转录起始位点的确定

当一个已知序列的基因在载体上克隆时，可以通过 S1 核酸酶作图确定基因的转录起始位点。为了确定这个位点，需要从 DNA 模板中识别 RNA 聚合酶合成的 RNA 的第一个碱基（见图解 1）。

这项技术的原理在于所研究基因的 mRNA（所研究组织中 mRNA 的组合）和基因组 DNA 片段（包括编码区的起始位置和启动子序列部分）在溶液中杂交。首先在限制位点的启动子和编码序列侧面连上接头，通过酶促限制合成 DNA 序列。在例子中，接头是 *Nco* Ⅰ和 *Spe* Ⅰ。通过分析合成的 DNA 序列，确定最适合的一对酶。放射性标记 DNA 片段的 5′-P 末端（见图解 11）。在 mRNA 和基因编码区域杂交。启动子序列仍保持单链。通过使用单链区域特异的核酸酶（S1 核酸酶）可以去除单链序列。这样可以保留双链杂交。测序凝胶（见图解 23）可以确定杂交的大小和第一个核苷酸碱基，即出现在基因转录起始位点的碱基。

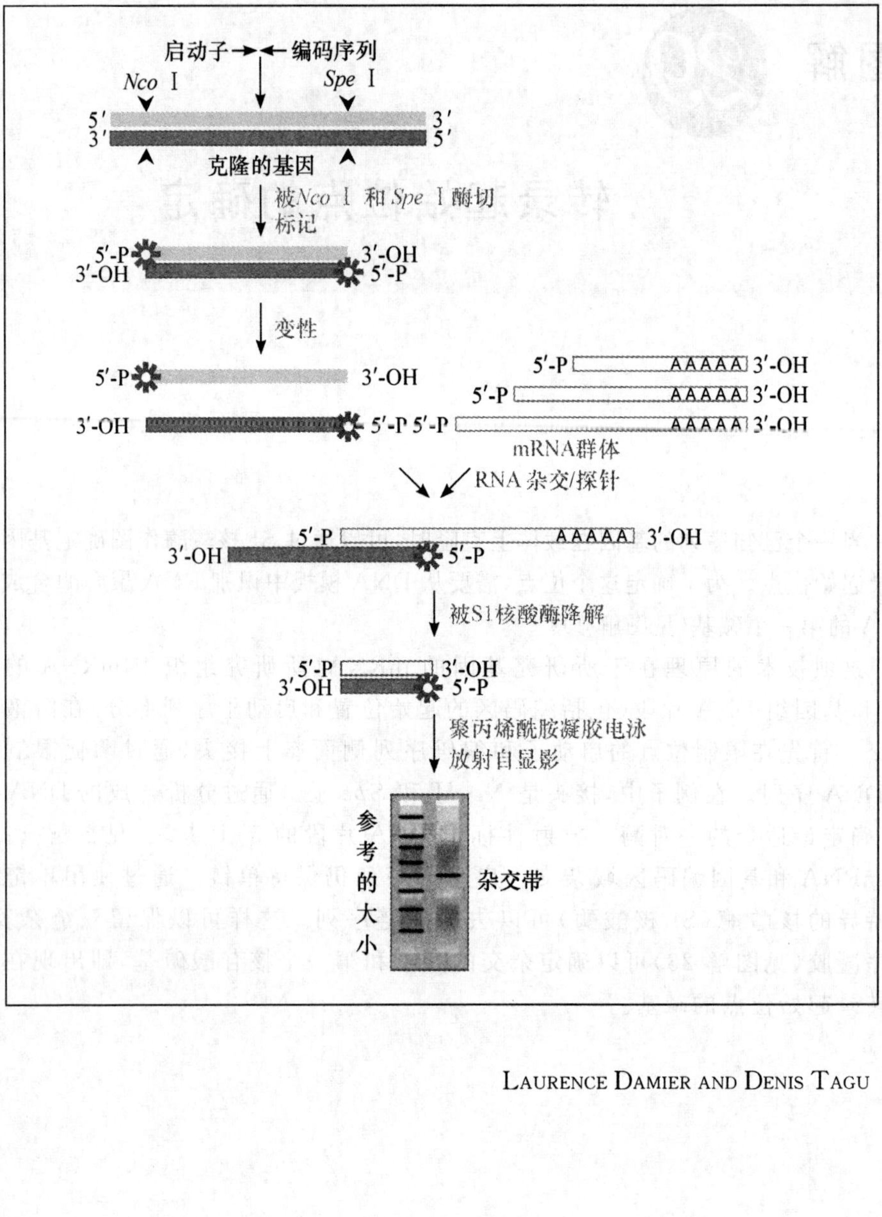

LAURENCE DAMIER AND DENIS TAGU

图解 30

启动子功能分析

基因转录受时空调控。在不同的生物和非生物胁迫下，一种 mRNA 只在特定细胞或个体发育的特定时期合成。调控信息来自于调控蛋白和位于编码序列上游和下游的核苷酸序列（见图解 1）。调控蛋白和基因相互作用决定了基因的转录。启动子的功能分析可以研究对基因表达进行时空调控的 DNA 区域。

原理

对启动子进行功能分析前需要了解调控区域的核酸序列。其化学结构包括：①进行功能分析的启动子；②报告基因[①]；③转录终止信号。通过一系列限制性酶的切割、连接，将这些嵌合基因导入质粒中，并在大肠杆菌中克隆。

携带这些化学结构的重组质粒在转化实验中进行细胞转化，获得转基因组织（见图解 34 至图解 38），或者在瞬时表达实验中进行细胞转化（见图解 38）。然后在不同的转化组织或细胞中测量编码报告基因蛋白的酶活性。结果如下：

- 如果在组织中检测到了酶活性，就意味着合成了报告基因编码蛋白。因此，在启动子的控制下可以转录报告基因，该启动子是有效的，它包括组织中基因转录所需要的所有核苷酸序列。

- 如果没有检测到酶活性，说明没有合成报告基因编码蛋白，基因未被转录。在转化的组织中启动子不具有功能。与启动子功能相关的核苷酸序列可能缺失（增强子序列类型）或启动子上的某些核苷酸序列抑制了转录活性（沉默子序列类型）。

---

①针对报告基因的定义，请参见图解 38。

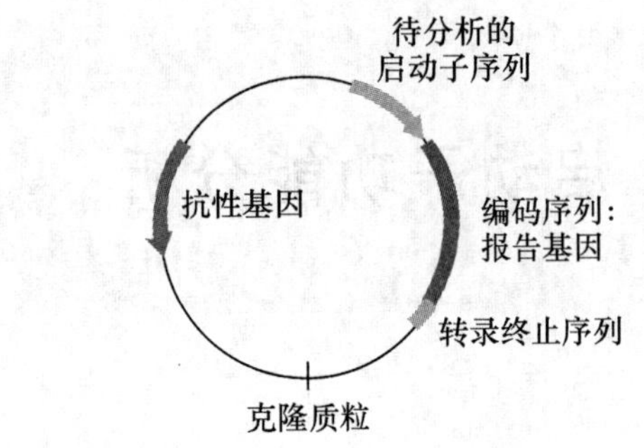

通过比较不同组织,不同发育时期,不同外部限制条件下启动子的功能,可以鉴定启动子时空表达的模式。

缺失分析

将启动子整合到组织中,如果启动子可以指导报告基因的转录,那么可以精确定位调控转录的 DNA 序列。因此,最初的启动子逐步减小,获得的每个新的嵌合结构可以通过转化来证实其是否仍有启动子活性。

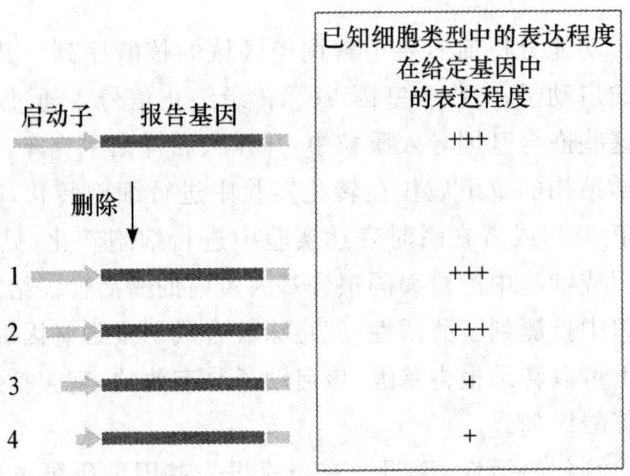

解释:构建2中存在,而在构建3中缺失的启动子片段,含有1个激活报告基因表达的元件,这个元件可能是一种增强子类型元件。

图解 31

凝胶阻滞

基因的表达依赖于启动子区域调控蛋白用于确定可能(转录因子,见图解 1)的结合位置。遗传转化技术结合启动子功能分析可以介入基因表达调控启动子的有效核苷酸区域(见图解 30)。利用凝胶阻滞技术可以检测固定在这些启动子区域的蛋白或蛋白复合体。

技术原理包含如下:

(1)从不同组织的核[①]中提取蛋白质(一个表达了该基因的组织与另一个不表达该基因的组织作为对照);

(2)用携带目的启动子序列的同位素 DNA 片段与这些蛋白质杂交;

(3)将杂交混合物点入非变性凝胶,电泳分离各 DNA 片段。若片段与核蛋白发生了杂交就能形成一个复合体且相对于一段未与核蛋白杂交的自由片段,其迁移就受到了阻滞。电泳后对凝胶进行放射自显影,这样复合体 DNA 片段与非复合体 DNA 片段的电泳迁移率便在凝胶上反映出来了。

该技术可以用于检测由核蛋白质与 DNA 片段之间形成的核蛋白复合体,但它没法纯化或鉴定与启动子互作的蛋白质。

---

①甚至当调控因子为核酸时,也可以用全蛋白的。

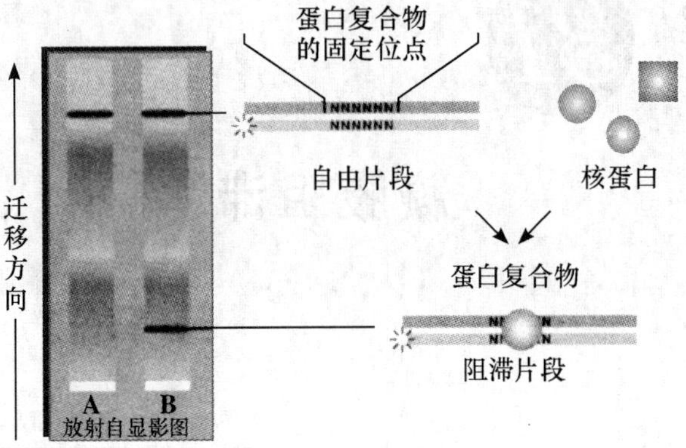

足迹A：未进行核酸抽提的启动子片段（DNA）
足迹B：启动子片段和核蛋白的混合物

DENIS TAGU

图解 32

DNA酶Ⅰ酶切足迹

通常凝胶阻留实验(见图解 31)后要进行 DNA 酶Ⅰ足迹试验。DNaseⅠ足迹试验用于精确确定与一个核蛋白因子物理互作的启动子的碱基。

含启动子序列,且一端标记了同位素的 DNA 片段与核蛋白抽提物进行杂交,核蛋白提取方法同前(见图解 31),杂交获得的组合体接受 DNase Ⅰ温和处理。DNase Ⅰ是一种核酸内切酶,它只能剪切 DNA 双链中其中一条链的磷酸二酯键。酶处理后得到一个长短不同的片段收集,其中一些片段末端含有标记。蛋白复合体的存在能够隐藏一个能被 DNase Ⅰ识别的可能位点而阻止了酶在该位点的剪切活性。酶切消化后将其产物用高分辨能力的聚丙烯酰胺凝胶(与序列凝胶同类型)电泳分离、放射自显影检测。将结合有蛋白因子与没有结合蛋白因子两种条件下的 DNA 的剪切片段条带进行比较,就能看到某个区域上结合有蛋白因子的位点没有得到相应的条带,因为蛋白因子与 DNA 连接后保护了 DNA 酶Ⅰ识别的限制性位点。结合目的片段测序以及反应产物与 DNA 酶Ⅰ处理的足迹实验产物的平行电泳迁移可以确定蛋白因子结合位点的 DNA 序列。

其他技术(此处没有描述)也可以证实、确定 DNase Ⅰ足迹法得到的结果(如化学足迹法是用甲基化作保护)。然而,离体条件下能够确定蛋白结合位点的实验并不适用于体内环境。细胞内,调控蛋白很集中,且其靶 DNA 与离体用的 DNA 差异非常大,尤其是体内还有大量过剩的非配体 DNA。并且,体内的 DNA 还被厚厚地包裹成染色体形式,许多其他的蛋白质也能干扰目标 DNA 序列上的特异结合位点。因此,在体内可考虑采用不剧烈干扰细胞完整性的实验技术来分析部分 DNA 上调控蛋白的结合状况。这些方法包括温和条件下的紫外线、化学或酶/核酶的原位 DNA 修饰。处理后,在序列凝胶上分离 DNA 并检测修饰了的核苷酸。

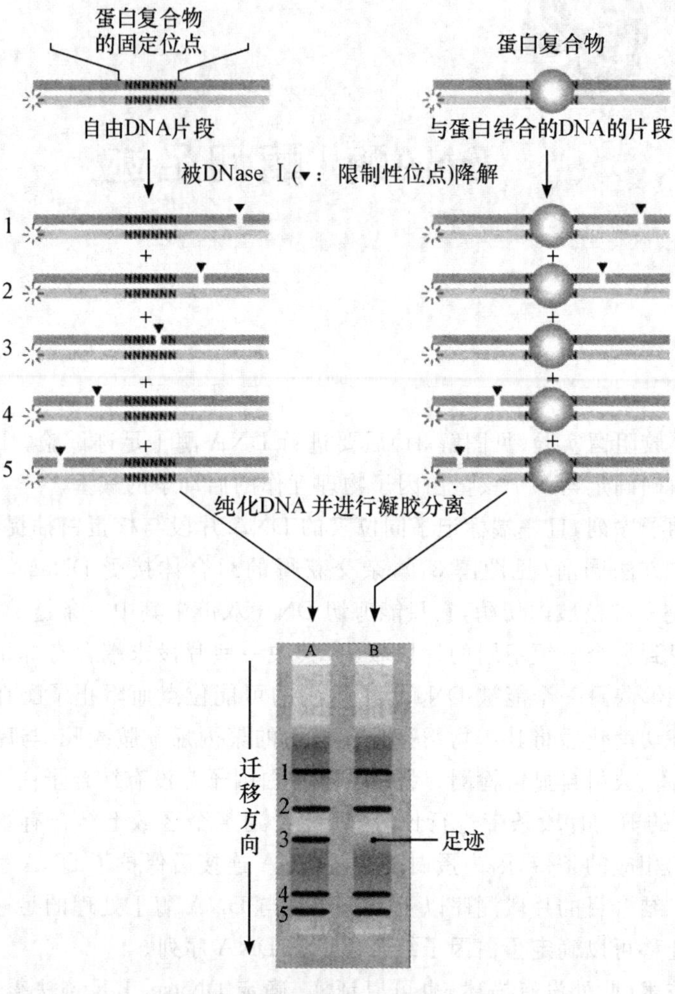

足迹A:自由DNA片段的限制酶切产物的混合物
足迹B:与蛋白复合物结合的自由DNA片段的酶切产物的混合物

Denis Tagu

Ⅵ

真核生物的遗传转化

图解 33

用土壤农杆菌进行植物的遗传转化

根瘤土壤农杆菌是一种能引起植物冠瘿瘤的土壤细菌(冠是指根与茎之间的部分),它能感染双子叶植物,引起植物在侵染位点及植物瘤细胞发育阶段细胞无限分裂。侵染过程中,在细菌原点 DNA 片段向植物基因组稳定整合的过程,涉及到复合体分子机制。这种 DNA 转移的自然机理已经被“驯化”应用于生物技术目标,并且根瘤农杆菌共培养技术无疑已是目前用于植物基因组转化的最为普遍使用的方法。几年前根瘤农杆菌还被用于酵母菌、线性真菌以及人类 Hela 细胞的遗传转化。

自然发生过程的描述

根瘤农杆菌带有一个大质粒叫 Ti(瘤细胞诱导)质粒,它是携带着细菌 DNA 向宿主植物基因组转化所需信息的重要片段。

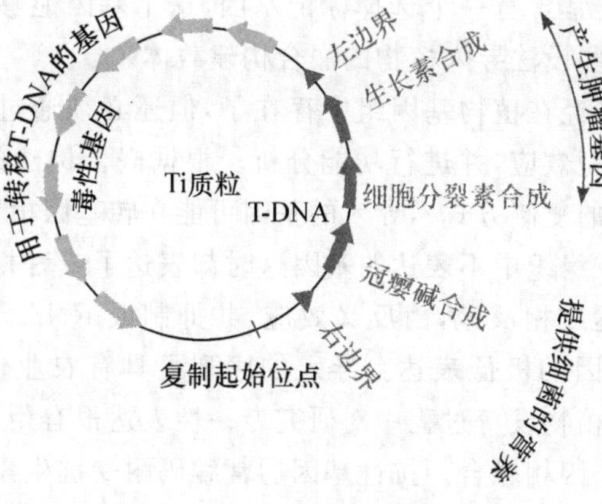

Ti 质粒上有一个与 DNA 序列相一致的 T 区域，它将作为 T-DNA 转入植物的基因组。该区域被两个 25 碱基对的直接重复序列即边界所划分。两个边界内定位的基因有：①引导瘤细胞发育的基因（癌基因），它的表达将打乱被转化细胞的激素平衡而改变其生长性状（与植物生长素、细胞分裂素以及与植物细胞无限增长相关的植物激素生物合成的基因）；②诱导合成冠瘿碱的基因，冠瘿碱是一种与糖相连的、有利于细菌生长而不被植物利用的氨基酸（如章鱼氨酸、农杆氨酸、胭脂氨酸）。已经清楚：在中毒性区编码的蛋白质作用下，定位于两边界间的 DNA 序列转入植物细胞的基因组中。毒性区携带一系列编码蛋白质的毒性基因，参与 T-DNA 向植物细胞转移（以单链的形式）、在宿主植物基因组中整合以及通过复制修复质粒的单链 T-DNA 的各个分子机制过程。这些毒性基因的表达受生长因子触发，感染期间的植物细胞引起生长因子的分子释放。虽然我们对农杆菌与植物间的相互关系了解的越来越多，但 T-DNA 转移的分子机制目前尚未完全清楚。

土壤农杆菌的生物技术应用

土壤农杆菌与宿主植物之间的相互作用是 DNA 转化到植物中的自然机制。该机制已被改进成为一种有多种用途的遗传转化工具。事实上，向植物基因组转化外源基因时，需要的只是 T-DNA 的两个边界。因此，可以把原 T-DNA 链上的瘤基因祛除，这样新链就不再具有诱导肿瘤的能力了；同样，也可以把目标基因以及实现遗传转化所需的序列定位在 T-DNA 的两个边界之间。这种改进的 T-DNA 通常被置于一个叫双元载体的另一个小质粒中，由卸甲的（即非致病的，译者注）Ti 质粒反过来提供致毒功能。

通常，双元载体带有一个在土壤农杆菌及根瘤杆菌中都能进行功能复制的原点、一些对植物与细菌具有选择作用的标记、T-DNA 的边界序列以及多克隆位点。左边界与右边界间通常含有一个选择标记基因，这个基因能够选择遗传转化的植物细胞，也能选择那些设法导入植物的嵌合构建载体。

目标基因可能已经在植物基因组中存在了，但还必须通过证实转基因植物的表达水平、评价其表型效应，并进行功能分析。根据嵌合构建的类型（如编码序列的方向性、从头至尾的复制方式），导入的基因可能在转基因植物种异位表达（在正常植株的发育阶段或组织中不表达的基因这时却表达了或者相反本来表达的转入后不表达了。）超表达或相反地，由反义效应、共抑制或 RNA 干扰（RNAi，见图解 46）引起相应内源基因的极低表达。导入的序列可具有农业价值（如赋予耐虫特性）或可作为一个在植物发育过程中对研究专一性表达很有帮助的启动子，它在嵌合体构建中与报告基因相融合。抗性基因通常编码耐受抗生素的蛋白。现在又有一些新的载体出现了，这些载体利用其他选择因子（抗虫性、抗金属性）或甚至其他机理——能够切除某一基因使经过选择对抗生素具有抗性（如重组酶系统）。后一种策略能够利用一个单选择因子进行几个持续的转化。

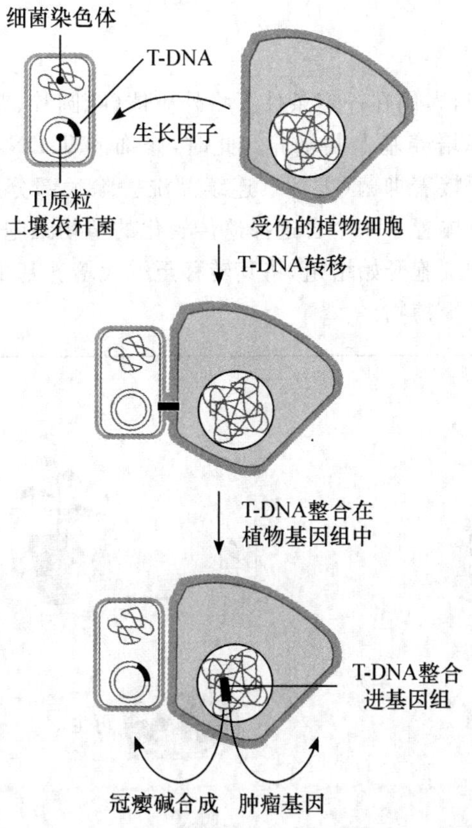

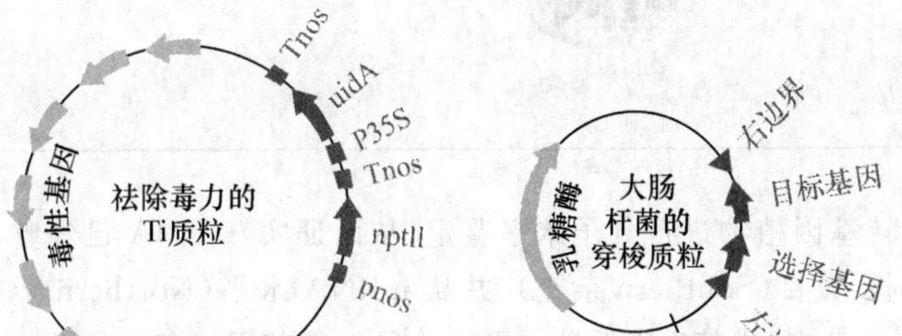

Tnos:胭脂碱合成酶基因的终止子
*uid*A:编码(β-glucuronidase)的基因
p35S:花椰菜花斑病毒的35S启动子
*npt*Ⅱ:新霉素磷酸转移酶的编码基因，对应卡那霉素抗性
pnos:编码胭脂碱合成酶基因的启动子

转化

为转化植物细胞，人们在一定条件下将外植体（叶圆片、茎节间——预培养过）在根瘤农杆菌的稀释培养基上共培养。此时，修饰的T-DNA转入植物细胞并整合到植物基因组内。接着抑菌（去污）：连续漂洗去除大部分此后不再需要的农杆菌；然后筛选：将外植体置于一个含选择遗传转化的植物细胞的抗生素的合适培养基中；再传代：转化的细胞开始增殖，将其转移至继代培养基中，通过产生不定芽和体细胞胚来再生出整个植物。

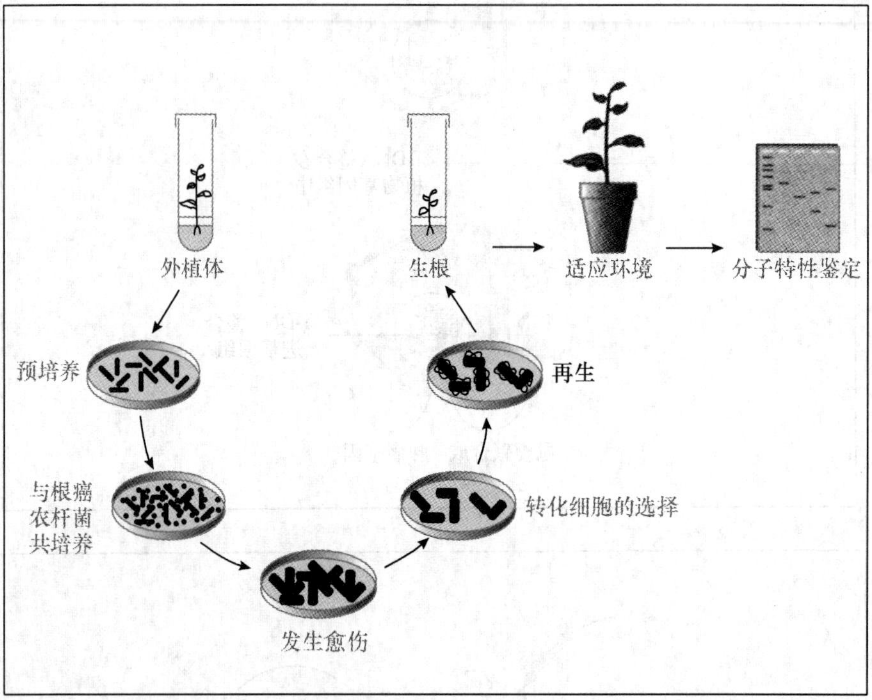

然后对转基因植物进行分子水平鉴定，从而证实T-DNA已经整合到基因组中，估计复制子数目（Southern杂交），并从mRNA水平（Northern杂交）、蛋白质水平（Western杂交）或其生物活性水平评价导入的基因或基因组的表达概况。也可以在表型水平对转基因与非转基因植物进行比较。为获得纯合的转基因，还需要对转基因后代株系进行严格地杂交。将转化了不同基因的植株进行共杂交可以获得转多个基因的植株类型。

在模式作物拟南芥中已经发展起一种高效的遗传转化技术。这种方法不需要离体培养常规方案中所需的所有步骤，只需将植物花芽置于农杆菌溶液中进行简单浸泡。最后对该转基因植物产生的种子在其发芽期进行筛选。这种方法可以作为植物转基因的常规方法，尤其是作为一种由携带的 T-DNA，并带有选择标记基因进行的随机诱变产生突变体的方法：通过这种方法已经产生成百上千的转基因植物突变体株系。利用改进的双元载体，也能够为获得功能突变体作标签：T-DNA 右边界携带一个完全暴露的强大启动子，潜在引导基因组内 T-DNA 插入位点周围的转录基因的转录活性。相似的方法，在 T-DNA 右边界附近插入一个不含启动子的报告基因，这样插入位点附近的启动子序列就能够被鉴定。土壤农杆菌的遗传转化技术目前已经成为功能植物基因组各方法中的一个非常有用的工具。

GILLES PILATE

图解 34

将外源基因转入植物原生质

基因的直接转移原理在于溶液中植物细胞与 DNA 的混合后，DNA 未必一定在转化载体上，转基因可以是 DNA 片段，称为“裸露 DNA”。然而，由于植物(以及真菌)的细胞壁是进入细胞内 DNA 整合的一个屏障。因此，在 DNA 溶液混合前需要对原生质体外的细胞壁进行溶解其纤维素质壁的预处理，在 DNA 与细胞混合后，对混合物施加合适的生化条件可以引起质膜暂时和可逆的渗透反应，使 DNA 分子能够渗入到原生质体内。这些 DNA 通过一种未知机制到达细胞核并通过重组整合在植物细胞的染色体上。

方法

使用的 DNA 混合物组成如下：①携带有能表达抗选择因子基因的质粒，用于选择转化的细胞；②携带目的嵌合构建的质粒。这个混合过程叫做共转化。将预处理过的原生质体首先放在非选择培养基上进行培养，使其合成新细胞壁并开始第一次细胞分裂，再在选择培养基培养，筛除非转化的植物细胞。接着将存活下来的细胞传代以收获抗性植株。最后用类似于鉴定农杆菌转化获得植物的办法对抗性植株进行分析，确认转基因植物。

将 DNA 导入原生质体有三种主要的技术：①聚乙二醇(PEG)法；②电穿孔法；③基因枪法(见图解 35)。

聚乙二醇是一种能引起原生质膜之间发生融合的多聚体。它可以使 DNA 分子与原生质膜接触，使原生质膜发生局部的、可逆的去稳定作用。最后导致 DNA 分子渗入到原生质体的细胞质中。

电穿孔法给 DNA-原生质体混合物提供电击，同样使原生质膜的结构发生去稳定的作用。DNA 在这个过程中整入细胞。一定条件下，该方案能通过改变一个因素而使转化效率以 100～1 000 倍的增加。

DENIS TAGU

图解 35

运用基因枪法导入外源基因

原理

由于一些物种转基因后再生困难，于是发展了基因枪技术，目的就是将基因导入完整细胞而非原生质体中。这种方法也适用于动物细胞。它的原理是用推动力将 DNA 强制发送到组织中，推动力可以通过子弹内火药的爆炸或气体（通常是氦气）的减压作用产生。

方法

导入前，首先将裸露的 DNA 沉降在直径大约 1 μm 的钨或金制备的微颗粒（微弹）上。这些微弹通过大弹的推动力到达细胞；大弹被截留以避免伤害细胞，之后一些微弹载着 DNA 渗入细胞。若要将基因导入原生质体，该 DNA 必须要到达核、将自己整合到基因组的某一部分并表达。将外植体轰击后放在选择培养基上培养、继代并获得转基因植物。该方法能够为那些至今转基因仍存在很大困难的物种尤其是玉米和小麦收获大量的转基因植物。市场上有很多类型的设备都可用子弹或气体产生推动力。设备微型化的实现也使得麻醉状态下用基因枪体内转化动物组织成为可能。

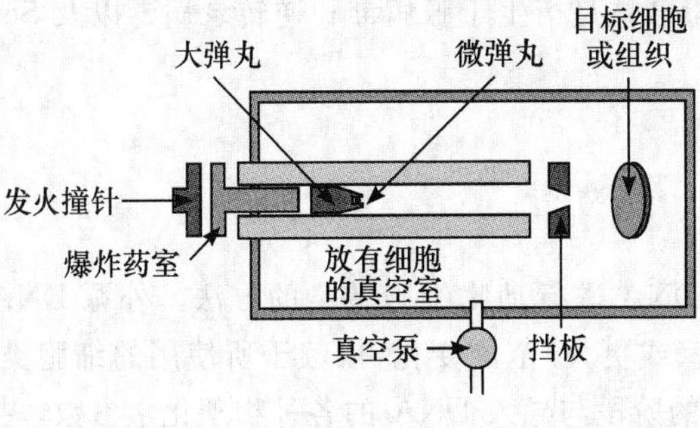

通过爆炸药室作用的粒子枪示意图（Klein et al.1987,将核酸打入活细胞的高速微弹技术，Nature 许可下翻版，327：70-73。版权1987，Macmillan Magazines Ltd.）

由爆炸系统产生推动力的粒子枪（基因枪）图

DENIS TAGU

图解 36

动物细胞的遗传转化

将 DNA 序列导入动物细胞后，通过确定基因功能或鉴定控制该基因表达的调控序列能够在体内分析该导入序列的功能。为此，研究人员必须为特定蛋白的生产或为已经正在执行的研究选择最适当的细胞株系以及细胞株系载体。基因转移可以使非整合的质粒发生瞬时表达（见图解 38），也可以用于选择整合了转基因的细胞。一些载体能够在自主游离阶段（细胞质中的自由 DNA 分子）被保留。这种情况在 COS 细胞中病毒 SV40 及灵长类动物细胞中非洲淋巴瘤病毒的衍生载体中出现。

所有使用的载体必须包含以下各重要元件：

- 一个细菌复制原点与一个耐受抗生素的抗性标记基因，使细菌质粒大量扩增；
- 控制起始转录的真核序列（启动子）以及细胞或病毒基因的衍生转录本的成熟（如剪接信号、聚腺苷酸化等）；
- 一个允许重组的真核生物细胞在选择培养基上存活的选择标记；
- 以互补 DNA 或甚至基因组 DNA 的形式表达的基因。

为将 DNA 导入真核细胞，有两种实验方法已经成熟：一种是用裸露 DNA 形式能部分表达的载体转染，另一种是用病毒侵染过程。后者其侵染技术依赖于病毒与宿主细胞的类型。主要的病毒载体是衍生于腺病毒和逆转录病毒以及 Semliki 森林病毒一类的其他病毒。

技术

这一方案讲到了一些由裸露 DNA 进行动物细胞转染的方法。外源 DNA 的渗透与表达的效率是在 1～100 倍（或更大）范围变化，依赖于所使用的细胞类型、性质、使用量以及重组 DNA 所处的阶段与导入 DNA 的各种物理化学参数。技术的选择得根据所选用细胞的性质（如在淋巴细胞使用磷酸钙方法是无效的）以及期待表达的类型（电穿孔法可以高效率稳定表达）而定。通常，计划导入的 DNA 大多为带正电荷的分子（钙，阳离子聚合物），这样有利于该 DNA 与表面带负电荷的原生质膜相结合。

磷酸钙法

DNA、磷酸缓冲液以及钙盐的三者混合可以形成磷酸钙—DNA 沉淀物。该沉淀能主动进入细胞，但利用二甲基亚砜对细胞进行渗透性破裂可以大大提高该过程的速率。不过自从有了聚合阳离子多聚体法后，这种方法就很少使用了。

阳离子多聚体法

由脂质区与阳离子区组成的杂交分子有同时具两个组分化学性质的优势。许多化学形式都具有商业价值。阳离子脂质法使用起来很方便。但因为它们的效率因细胞系而变化，所以细胞系的选择通常必须根据实验或公布的结果而定。某些特定的阳离子脂质相当昂贵且其稳定性有限。

- DEAE(二乙氨乙基)葡聚糖是一种多聚阳离子，它能促进原生质膜上 DNA 的吸收并使 DNA 容易进入细胞。而且，它能保护 DNA 免受核酸酶的降解，因此提高了它在细胞内的表达率。它也可用于提高病毒的侵染速率。这些细胞的核内含有大量的载体，但只有相当少数的复制子能够整合到细胞的基因组中。不管怎样，其转染效率还是较高，有时可高达 25%的细胞获得转染。
- 聚乙烯亚胺(PEI)是一种很容易与 DNA 结合的多聚阳离子:因此该复合体能主动渗入细胞，PEI 的效率很大程度上取决于自身的大小，这种物质稳定、经济、可靠，并且在大多数细胞类型中都能有效利用，而且使用起来很简易。Exgen500 是 PEI 的一种优化形式，其他多聚阳离子也可用，此处不作说明。

脂质体法

该技术利用人工膜的脂囊泡来捕获外源 DNA。囊泡通过细胞内吞作用渗入细胞，这样 DNA 病毒的侵染能力就能放大近 200 倍。但这项技术的效率比不上那些使用其他转染因子的技术，且不易操作。

原生质体融合

其基本原理是用包含目的基因的细菌与动物细胞进行融合。应事先从含重组质粒的细菌中制备原生质体，接着使原生质体与动物细胞发生接触，加入聚乙二醇有助于细胞膜融合，细胞膜间融合后能够使质粒团进入细胞。这种方法很少使用。

电击法

电击转染法是直接将 DNA 转移进宿主细胞的细胞质中。对宿主细胞进行短暂的电冲击处理可以获得暂时的小孔，形成 DNA 通道。该技术的优势是能够在各种类型的细胞中使用，但它需要特定的设备，而且某些情况下几乎 90%的细胞在其细胞质中整合了重组 DNA，其效率是至今最为优越的。一些特定的细胞类型如胚胎干细胞需要用电穿孔法。电击法还在 DNA 大片段（如 BAC，YAC）中经常应用。

基因枪法

将粒子枪（基因枪，译者注）缩小成手枪的形式能够用于转化活的动物细胞或组织（见图解 35）。

微量注射法

细胞核的基因微量注射法是一种最有效的方法。它能达到 20％细胞为外源基因所整合的成功转化效率。但它需要特定的设备，只在转染很困难的细胞（如一些原初细胞）中应用，来获得稳定的克隆。

转染与细胞凋亡

DNA 转移有时会引起程序性细胞死亡而降低细胞转染的有效性。加入抗细胞凋亡的因子可以改善这种情况。

Louis- Marie Houdebine

图解 37

动物克隆

克隆从定义上是指遗传相同的生物体的繁殖,实际上它是一种无性繁殖模式。克隆是单细胞生物(细菌和酵母)繁殖的自然方式,在多细胞有机体内克隆具有去分化现象,组织的细胞大多特化为特定功能,它们表达了一系列特定的基因进行组织特异化,具这种特化能力的细胞叫分化细胞,它们一旦分化就失去表达其他功能的能力,并只表达其特定的功能,这时认为它们是无能力脱分化。脱分化是指特定组织的细胞有能力分裂并产生能够发育所有细胞功能的子细胞的能力。在植物界可以通过分层、切割或胚胎的离体脱分化作用获得克隆。脱分化后的细胞便具有了胚胎的特征且每个细胞都能顺次发育成一个完整的植株。这种过程未在动物中发现。

胚切割克隆

幼嫩的胚细胞具有全能性:把胚胎置于空置且洁净的区带上,每一个胚胎细胞都能发育成一个完整的胚胎,借此操纵可以产生克隆。

哺乳动物的胚胎发育到囊胚期时能够进行机械切割。胚胎的两半在适当的条件下发育并产生真正的一对孪生子。自然条件下,在哺乳动物中胚胎的人工均等分割,这种发生在早期的非正常发育结果可以产生真实孪生子的结果,所以孪生子是克隆产生的。

核转移克隆

受精以后,游动精子中有活性的基因很少甚至没有,此时,游动精子的核解聚产生原核,雄原核在形态上与卵母细胞的原核没有大的差异。几个小时或几天后,游动精子的基因被激活并能发育成胚。这时,卵母细胞的细胞质就必须含有能够容纳精子基因组的特定元件。克隆就是利用卵母细胞细胞质的这种性质来激活任何类型从核分化得来的基因,尤其是激活那些分化后变得毫无活性的体细胞胚的基因。但应注意,卵母细胞的核必须提前去除。

在去核卵母细胞的细胞质中引入细胞核的机械转移方法已经首先在爪蟾,然后在绵羊、奶牛以及猪中获得成功；是从早期刚分化的细胞，发育成完全分化的体细胞，由此克隆出个体生物。第一只克隆爪蟾在 40 年前获得，第一只克隆绵羊于 15 年前诞生，它们都是从未分化的胚胎细胞核培育起来的。多利羊是第一只由成龄羊的一个分化细胞克隆出来的动物。

实际操作中，细胞核常被置于去核卵母细胞及其质膜之间的洁净区域而成为完整的细胞形式。一定的电击融合了细胞膜，接着由诱导钙流及其他流体激活新胚胎的形成。小鼠试验中，人们发现这个过程效率是比较低的，而将分离获得的核转移到去核卵母细胞的细胞质中是个必须的步骤。

克隆产量

克隆产率通常很低。每转移 100 个细胞核只能得到几只克隆动物。分化发生太多的核或在培养基中放得太久的细胞，其产率更低。一些细胞类型很容易克隆（胎儿成纤维细胞，卵丘细胞），另一些细胞的克隆具有限制性或根本不能用于克隆（神经细胞）。

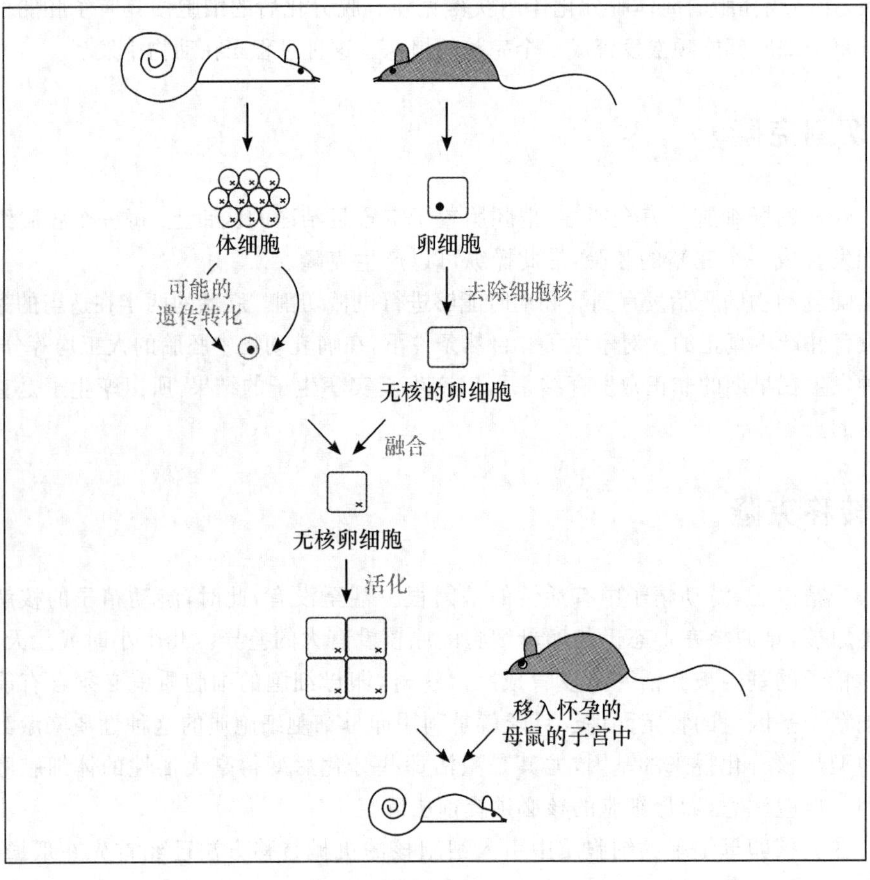

撤掉培养基内的所有生长因子后，核的供体细胞处于休眠状态。多利羊的产生就是建立在这个休眠的供体细胞基础上。于是推断细胞周期的 G_0 期(细胞分离循环阶段，此时细胞处于休眠状态)对分化细胞的克隆很重要。但这种假说未被证实，因为供体细胞不先经历 G_0 期也照样独立获得了相同产量的克隆动物群体。失败的原因在于重组的胚到囊胚期时就不发育了。这种重组的囊胚发育多样化，但往往很早就退化了。有 1/2 的胎儿或新生儿往往在产前期死亡，死亡时症状不一，但都可重复出现，如超重。克隆如此低产的原因还不清楚，但这似乎也存在表现遗传现象，而且基因组的重新程序化是其根本的诱因，如调控转录能力的基因甲基化也是导致克隆低产的原因之一。

多利羊出生时带有反常的短的端粒，可以在染色体末端找到端粒 DNA 的特异序列。通常，端粒的长短是与细胞的年龄相对应的：细胞越老，端粒也越短，初步观察结果表明克隆可能产生提早老化的个体，这种不正常短的端粒似乎在本身含有短端粒的核的供体细胞中出现，这些细胞系由老龄动物中获得并被培养了相当长一段时间。传代多利的那只羊本身具有正常的端粒，克隆后代的其他动物的端粒也是正常的。因此，端粒的短化不是由克隆诱导产生的一种特征。

克隆的应用

爪蟾的克隆只用于研究分化与脱分化现象。分化与脱分化的研究仍然是克隆的主要目标之一，这些目标是目前建立的。大约 15 年历史的羊克隆技术被用于加速动物的遗传研究以赶上很久前植物就已达到的水平。目前克隆的低产率现状使得克隆的大范围应用无法实现。

克隆技术与遗传转化技术相结合后能够简化多数动物的转基因过程。该原理首先要遗传转化供核的胚细胞，接着将这些转基因核导入去核卵母细胞中最终获得克隆，通过这种方式，转基因的细胞核发育成胚，再发育成转基因动物，这个目标已经在绵羊、山羊、奶牛、猪以及小鼠中实现了。携带外源基因的细胞成为培育转基因克隆动物的一种核资源，利用相同的方法已经在羊、猪以及鼠中进行了基因同源重组替换。但因转基因的细胞克隆需要经过长期的选择培养，这将导致克隆产率下降，从而使得该操作变得困难重重。

这种基因的添加与替代目前被开发应用于转基因动物中，使牛奶中含有具药理价值的重组蛋白，使猪产生人类可利用的器官，并使人类疾病的研究可以更广泛地进行。用克隆技术进行牲畜改良原理上是可行的，这些技术有望扩展至鼠、鸡、兔、某些类型的鱼以及其他物种。对于人类克隆(获得与原人完全一致的克隆个体)，撇开伦理道德争议不说，单就严格的技术要求就使得人类克隆在目前阶段是不可行的。已经在考虑之中的医疗克隆(应用于人类细胞或胚胎细胞)能使病人体细胞中胚发生重新构建，重新构建的胚可以成为全能性干细胞资源，再通过离体全能性细胞的分化作用产生器官干细胞。原则上这种操作将引起同体移植方式的器官再生，但医疗克隆目前还只是个理论并引发道德争议：对于一些人来说这很难接受，尤其是当一种器官的干细胞通过试验操作可以变成另一种器官的干细胞从而使那个器官再生。

Louis- Marie Houdebine

图解 38

瞬时表达

常规的基因转化技术(见图解 33～37)都是通过抑制非转化细胞生长的选择培养基选择转化的细胞。选择获得的细胞、组织或植株基因或导入的基因要进行表达分析。转基因生物的获得无疑是研究基因表达的基本工具,但收获这些生物的过程通常是耗时的,甚至在一些生物中是难以实现的。瞬时表达可用于快速分析基因表达而不需要进行转化细胞的选择,这些研究可以通过分析转基因生物的启动子来实现(见图解 30)。

原理

转化细胞在不含选择压的条件下培养,于侵染后 24～72 h 收获(这个期间质粒携带的基因在整合到染色体之前进行转录与翻译),然后沉降以便研究导入基因的表达。这类试验通常都要用上报告基因,报告基因的表达很容易检测到。

报告基因的缺失与实例

报告基因的产物必须不在用于转化的细胞中出现。正是这个原因,真核细胞的报告基因大多为细菌来源的基因,报告基因编码的蛋白必须容易检测;它通常是一种能肉眼可见的简易染色或通过酶活性试验就能检测到其表达的酶。非常普遍使用的报告基因有:

• 氯霉素乙酰转移酶(CAT)基因。CAT 能够催化氯霉素上乙酰基的转移。在氯霉素^{14}C 标记的乙酰辅酶 A 条件下,CAT 的活性很容易被检测。

• β-半乳糖苷酶的 *lacZ*① 基因以及 β-葡糖苷酸酶的 *gus* 基因。分别在 X-Gal 或 X-Gluc 存在条件下,β-半乳糖苷酶或 β-葡糖苷酸酶的表达能够通过细胞蓝染检测。

---

①β-半乳糖苷酶断裂底物 X-Gal 的半乳糖苷键,生色基 X 释放产生亮蓝着色。β-葡糖苷酸酶的原理也一样,催化其底物 X-Gluc 糖苷键的断裂。

• 荧光素酶基因。在荧光素及 ATP 条件下，荧光素能够在表达的细胞发出亮光。这种亮光很容易被定位与检测。

• 绿色荧光蛋白基因(GFP)。表达的 GFP 发出的绿色光芒(在 509 nm)能够在紫外光下观测到荧光。这种荧光是蛋白固有的，因为没有酶的存在，它的检测无需通底物对组织进行浸染。因此，这种报告基因可以在活体试验中使用。

报告基因的选择依赖于所研究的组织的类型以及期待的用途。例如，*gus* 与 *gfp* 基因适合于特定启动子活性的原位定位；*cat* 基因更适用于原细粗胞提取液表达产物的定量检测。

DENIS TAGU

Ⅶ

基因功能分析

图解 39

重组蛋白质

蛋白质研究包括蛋白质的大规模生产与提纯。此处介绍的是用细菌(通常是大肠杆菌①)以融合蛋白质的形式大量生产目的蛋白。融合蛋白由细菌蛋白质的片段组成结合真核生物的目的蛋白(蛋白质 X),两者通过一段短序列的中间体相连。融合蛋白通常要比单独存在的蛋白质 X 稳定,能够被大量生产。

原理

编码目的蛋白 X 的基因克隆在表达载体中,载体是质粒,带有一个细菌启动子(常具有可诱导性),启动子后面是部分编码细菌蛋白质的序列和部分与剪接位点一致的序列,以及一段可由蛋白酶识别分解位点的序列,一个多克隆位点,这个位点可接受目标基因相应阅读框架是可以翻译成氨基酸的。转化后,将整合了重组载体的细菌放在选择培养基上进行选择、增殖,然后收获、融菌,获得包含融合蛋白在内的所有合成蛋白的粗细胞提取物。用亲和柱层析法将该粗提取物中的融合蛋白提纯:将配基固定在柱上使之与融合蛋白发生专一性互作从而保留住融合蛋白而排除其他蛋白。经过专一性洗脱可以使融合蛋白从配基中释放复原,加入合适的蛋白酶经温育条件可以诱导细菌蛋白与蛋白 X 间发生剪接分离。再进行二次亲和柱层析筛除细菌蛋白:只有蛋白 X 能够保留在柱上,再将蛋白 X 进行洗脱。

现在有许多系统可以利用,选择时应考虑各种参数,如合成的融合蛋白的稳定性、溶解度或洗脱条件,下文表格列举了一些例子(不完全),又有一些新的配基被常规建议使用。例如,有一种融合蛋白,它将编码热稳定蛋白(硫氧还蛋白)的cDNA嫁接化翻译为氨基酸的 DNA 序列上,在大多数情况,硫氧还蛋白的添加增加了期望蛋白的可溶性或者它的热稳定性。

细菌肽或融合蛋白	配基	专一洗脱剂
麦芽糖结合蛋白(MBP)	直链淀粉	麦芽糖
谷胱苷肽 S-转移酶	谷胱苷肽	还原剂
6 组氨酸(组氨酸标签)	Ni^{2+} 或 Zn^{2+}	咪唑,pH 梯度
钙调蛋白结合蛋白(CBP)	钙调蛋白	EGTA
ZZ 结构域②	免疫球蛋白(I gG)	低 pH
自剪蛋白	几丁质	还原剂

①重组蛋白在真核细胞中也可产生,如在酵母细胞或昆虫细胞(见图解 40)。

②ZZ 结构域是固定蛋白 A 的免疫球蛋白 IgG 的区域。

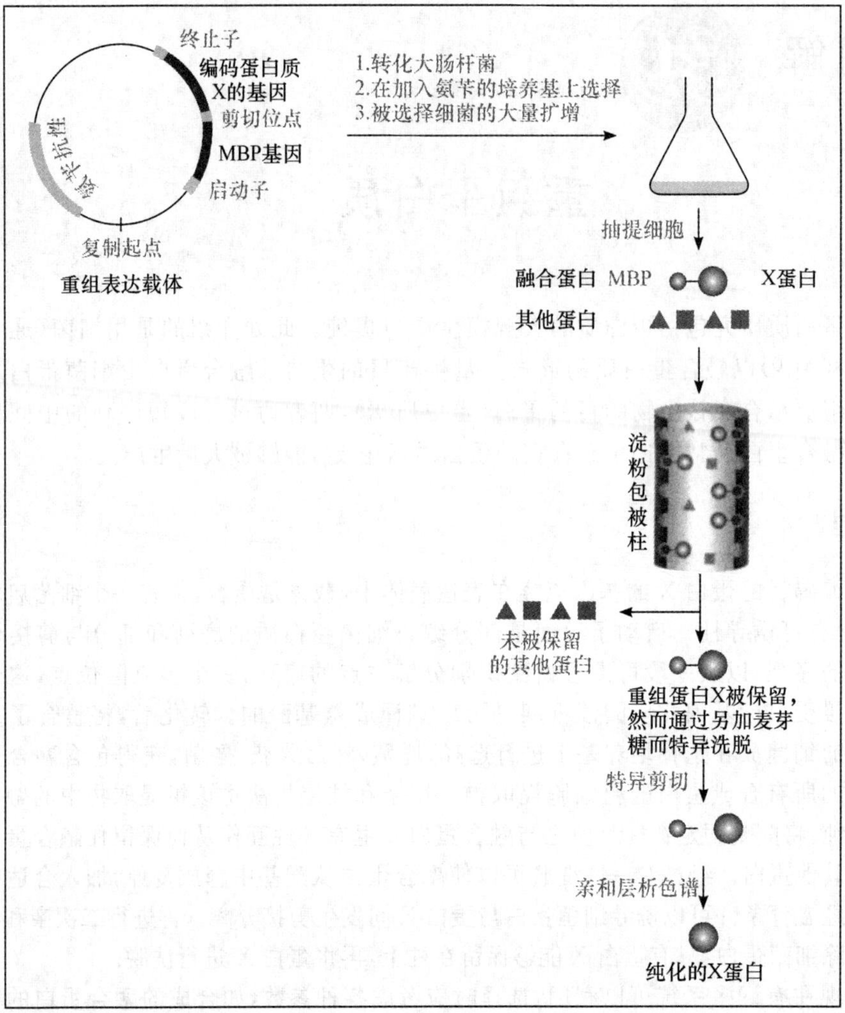

非融合蛋白的重组体

即使认为融合重组蛋白的加工技术简化了提纯工作，但有时（用于结晶体研究及 RNA 研究）还是需要并且大量需要非融合形式的重组蛋白。可以用 pET 系列的质粒生产非融合蛋白，这种质粒的启动子是病毒的 T7-RNA 聚合酶的启动子，比起大肠杆菌的启动子它能产生更快的转录速度。因此，这种类型启动子控制下的 cDNA 高速转录，相关蛋白大量生产（达到 50%的大肠杆菌总蛋白），通常允许粗提纯蛋白，因为这些蛋白受大肠杆菌内可能存在的同功蛋白的极轻微污染，但外源蛋白的大规模生产可能对细菌有害（细菌不再生长）。而且没有融合蛋白，目的蛋白的提纯技术需要更具技巧性并需要配合蛋白质生物化学的传统技术。

JEAN-PIERRE JACQUOT

图解 40

昆虫的杆状病毒，外源基因表达载体

杆状病毒(来自拉丁语 *baculum*,杆菌)构成病毒一个相当大的群体,它们只在节肢动物中出现并已在多于600多个昆虫物种及一些甲壳类动物中有所描述。它们以杆菌形式包装病毒,长度大约350 nm,平均直径50 nm。病毒基因组由双键、环状、紧密,大小在88～153 kbp间的DNA分子组成。

目前研究最为透彻的杆状病毒之一是首次从苜蓿银纹夜蛾幼虫分离得到的病毒,现在已知为AcMNPV病毒(苜蓿银纹夜蛾的核壳多角体病毒),它能在多于30个Lepidopteran物种的细胞核中增殖。这时,一个单胞装中含有多个病毒颗粒(而在其他情况时,每个包装只含一个病毒颗粒)。

自然条件下,病毒存在于多角体里,在光学显微镜下能够形成病毒“包涵体”,这样就能很容易观察到它的晶体结构。这些包涵体的蛋白质是由病毒基因组编码的,称为多角体蛋白的蛋白组成的。这病毒正是用包涵体的形式抵抗环境因子的影响,当(寄生/宿主)昆虫死亡时,病毒弥漫化,多角体病毒被另一只昆虫食入后,它们就在肠液中溶解并释放病毒颗粒,这些病毒颗粒通过膜融合或细胞内吞吐作用能够渗透到肠的上皮,便开始侵染寄主组织。在细胞内,核壳衣被带到送了病毒释放其DNA的核中,由此,在核中释放DNA,接着早期病毒基因的转录便开始了,侵染后大约7 h DNA复制开始。同时,早期基因表达受到抑制,以利于后期基因的表达。10 h后,病毒颗粒在细胞表面芽殖(多角体蛋白和P10蛋白,后者在核与细胞质中形成纤维结构)大量表达。P10的作用仍不很清楚,它参与了细胞的溶胞作用。另外,多角体具有让病毒在环境中进行体外传播的作用。然而,在体外离体细胞培养中,该多角体蛋白不具侵染力,并且就跟P10基因可表达一样,多角体蛋白基因的表达不是获得增殖循环所必需的因素。

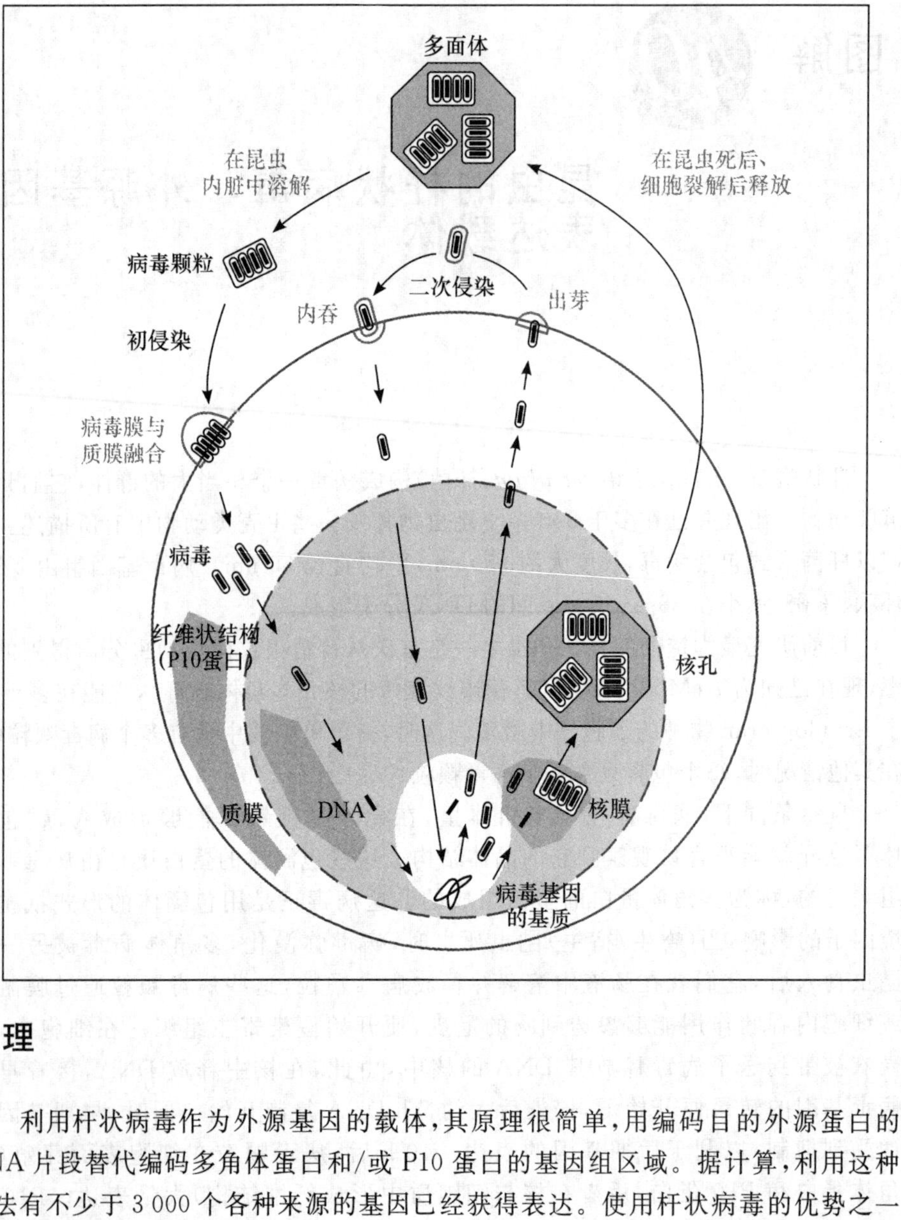

原理

利用杆状病毒作为外源基因的载体，其原理很简单，用编码目的外源蛋白的DNA片段替代编码多角体蛋白和/或P10蛋白的基因组区域。据计算，利用这种方法有不少于3 000个各种来源的基因已经获得表达。使用杆状病毒的优势之一在于能够进行外源真核生物蛋白的一些后翻译修饰(见后文)。构建表达外源基因的重组状病毒通常为两步(分两个步骤)，先是将外源基因插入细菌质粒，这个质粒在多角体蛋白(P10)或(围绕着)杆状病毒的侧翼DNA序列的所围绕的P10基因的启动子下游，包含有一个单克隆位点，外源基因插入细菌质粒后，获得的便是转移载体，然后将培养好的昆虫细胞，用载有异源基因以及具侵染力的野生型病毒的DNA的转移载体，进行共转染。通过这种方法，能够在质粒的同源区域与获得病毒基因组的同源区域，产生一个重组体，最后获得一个已经整合了外源基因的重组病毒。

重组杆状病毒通常通过在感染细胞层形成溶菌平板被鉴定，这个现象在显微镜下略微放大就能观察到，可见在这样的细胞层里，受侵染细胞停止分裂，并快速生产芽病毒颗粒，后者随后侵染邻近细胞，为防止这些朊病毒的扩散，需在细胞层上放置一层琼脂糖，4～5 天后，最初感染原细胞周围的许多细胞也被侵染死亡。因而，通过使用一种色彩，比如中性红，就能很容易地区分这些溶菌板，在活细胞的红色层中形成无色"多孔"。所有平板均在显微镜下检查，会呈现两种表型：一是"多角体"表型对应的是一个还未重组的野生型病毒侵染，二是"多角体不存在"表型，对应的是一个重组病毒，病毒含有外源基因替代了多角基的基因，这样这些平板就能很容易被恢复并继代 1～2 次以确保重组病毒的纯化。为了更好地获得重组蛋白的表达，对许多独立重组子进行了恢复、提纯与检测。通过这种方式，能够获得外源蛋白并对之进行研究，很明显，多角体蛋白的启动子或 P10 的启动子是可用的，或两者都能同时使用，能表达出的许多蛋白亚基组成的蛋白质，如免疫球蛋白。

昆虫细胞内产生蛋白的后翻译修饰

昆虫细胞内产生的重组蛋白质，在大多数情况下，都表现出与那些"本土"蛋白质相似的生物活性，如，酶学活性、抗原性、免疫原性以及其他活性。

昆虫细胞具有的酶系统使得它们也能象在脊椎动物那样进行后翻译修饰。他们能识别同源和异源信号肽，把成熟蛋白分泌到培养基中，同样地，不同细胞区室的位置信号也能被识别：核定位，细胞质量定位，或膜定位。复合蛋白往往也像"本土"蛋白一样以同样的方式进行剪接。产生的蛋白能正确进行磷酸化，豆蔻酰化、棕榈酰化，法呢基化、羧甲基化、酰胺化或者乙酰化作用。在正确地方式下，又进行了寡聚复合体内双体的组装以及二硫键的形成。

蛋白质的糖基化作用有一点很重要，对昆虫细胞内表达的糖蛋白的详细分析表明，与哺物动物或植物的糖蛋白有关的低寡糖在大小与结构上存在差异。在草地贪夜蛾(Sf9)细胞内表达的哺乳动物的糖蛋白通常要小些，且低聚糖链要短些。在大多数情况下，这种差异不会影响或仅轻微影响体外蛋白的生物活性。甚至糖基化的作用甚至现在看来都还是个疑问。只有在后翻译修饰的糖基化作用上，草地贪夜蛾细胞才不能以与哺乳动物完全相同的方式进行糖基化。

昆虫细胞的培养

目前可以获得大量的昆虫细胞系进行苜蓿银纹夜蛾的增殖研究。最为普遍使用的昆虫细胞系是 Sf21 细胞以及克隆 Sf9 细胞，后者来源于草地贪夜蛾蛾蛹的卵巢组织。源于粉纹夜蛾的 TN-368 系以及来源于 Mamestra brassicae 的 Mb 系同样也可以用于杆状病毒的大量增殖。

大多数鳞翅目细胞在5～30℃之间有一个它们生长的最优温度，不同于哺乳动物细胞，它们不需要富CO_2环境，无需增添苯酚红，有效性保持在pH 6.2的缓冲液就足够了。细胞群体加倍培育所需时间的范围为16～24 h；正常情况下，细胞密度可以在2×10^6～5×10^6个细胞/mL范围内变动，这种密度在生物反应器内可以得到增加。总体看，大多昆虫细胞系能在细胞层或悬浮液内生长，在大体积生物反应器里进行昆虫细胞的培养新技术正快速地为人类更好地掌握，目前，体积在5～100 L的生物反应器已是一种很常见的试验装置。

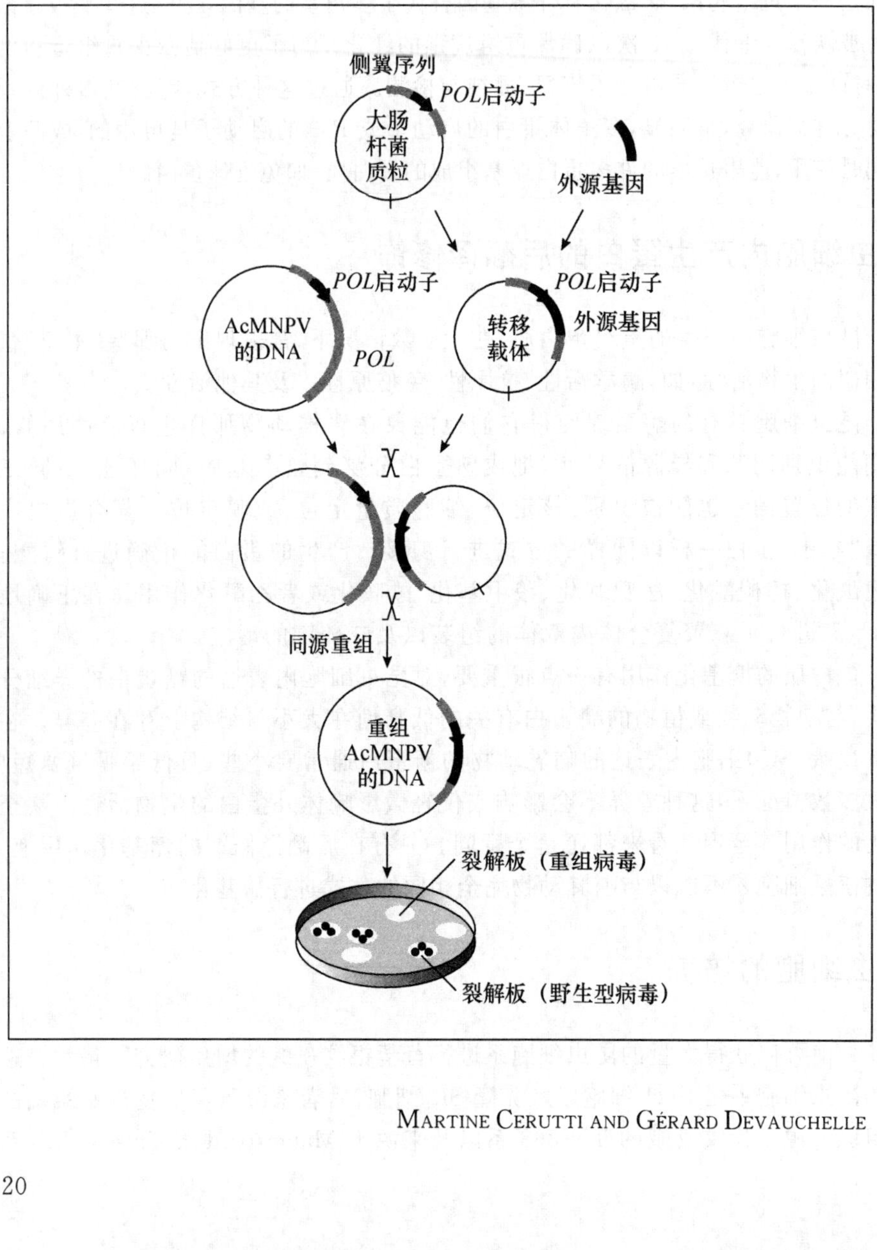

图解 41

酵母双杂交系统

酵母双杂交系统是为解决蛋白与蛋白互作问题而发展起来的，这种检测是以许多蛋白包括转录因子，都是由好几个独立功能域组成的这个事实为基础。当这些功能域相距较远时，它们没有生物活性。但它们以非共价键相互作用力两两相互靠近时，就能重新构建一个有功能的蛋白质。在啤酒酵母中，编码半乳糖代谢的基因，其转录的Gal4 蛋白激活子是由 2 个不同的可分离的功能域组成：一个为DNA 结合域(DBD)，一个为转录激活域(AD)。

原理

假设有两种蛋白，蛋白 X 与蛋白 Y，将检测它们之间可能存在的相互作用。Gal 4 蛋白的两个域中的任何一个都能独立地与每一个靶蛋白发生融合，这样，蛋白 X 将与 DBD 相连而蛋白 Y 对应的是 AD，如果蛋白 X 与 Y 能发生互作，Gal 4 蛋白的 DBD 与 AD 将相互接触从而重新构建一个有活性的 Gal 4 蛋白。因为 Gal 4 蛋白的生物活性是基因的转录激活，重建的 Gal 4 蛋白能够激活一个报告基因的转录(见图解 38)

为了试验的实施检测，将基因 X 与 Y 分别克隆在编码 Gal 4 蛋白的 DBD 或AD 序列下游克隆了基因 X 与 Y。这两种质粒是用于转化酵母菌，而这个酵母菌含有能够被 Gal 4 蛋白激活的启动子(Gal 1 启动子)控制下，转录包含有编码 β-半乳糖苷酶报告基因 *LacZ* 的酵母菌链。只有当这种蛋白 X 与 Y 相互作用重建获得一个有功能的 Gal 4 蛋白时该报告基因才会转录。转录后报告基因 *LacZ* 的产物能够通过检测其酶活性或通过含有能够产生颜色反应的底物(X-gal，图解 38)的琼脂培养基上所培养的酵母菌落的蓝色反应现象来检测。

应用

运用这种系统可以既简单又经济地进行研究源于任何真核生物的蛋白与蛋

白之间的相互作用。然而，因为Gal 4蛋白将自身结合在DNA上，它只在核内有活性。因此，只有两种蛋白X与Y在细胞核内发生互作时，双杂交试验才是有效的。另外，为研究两个膜蛋白或者两个细胞质蛋白之间的相互作用，已有许多方法发展起来了。

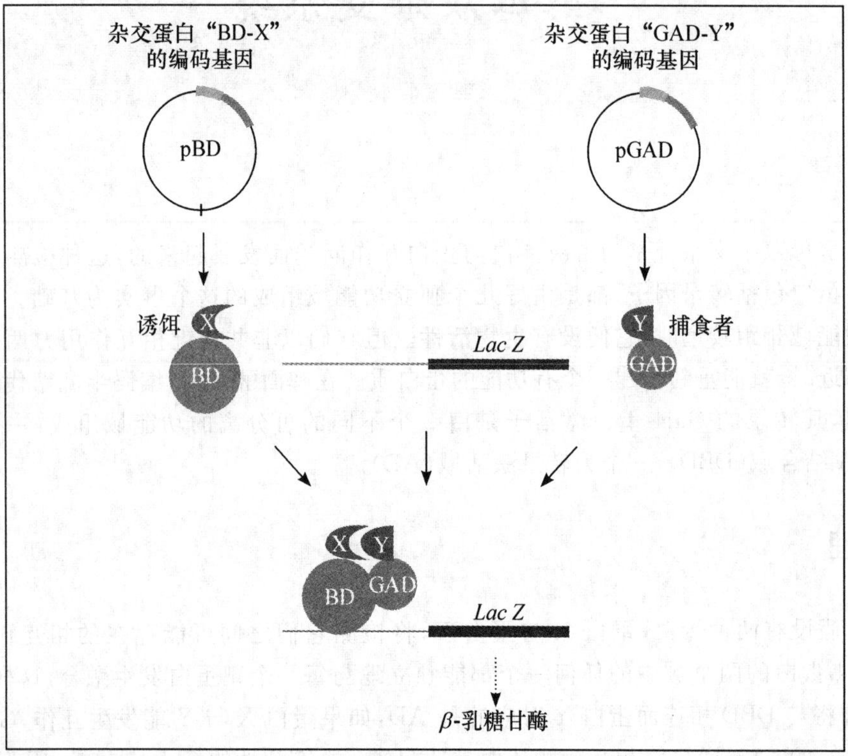

膜蛋白

这里所举的例子是为说明蛋白X(诱饵)与蛋白Y(猎物)能否在膜水平发生互作。为进行这项检测，有必要用不表达GEF(鸟嘌呤核苷酸交换因子)蛋白的突变酵母菌株进行实验。没有GEF时，Ras蛋白失活，酵母无法生长，编码蛋白X的基因与编码豆蔻酰化作用信号的DNA元件相融合，从而有希望把蛋白X在膜上定位。借此能将表达该基因的酵母的蛋白X定位在细胞质膜上。编码蛋白Y的基因与一种SOS(相当于哺乳动物中的GEF)的蛋白相融合，蛋白X与Y的互作能够使SOS蛋白在膜上定位①。这样SOS激活了Ras蛋白(通过转换GDP为GTP)，酵母能在一个严格的温度下生长，而当X与Y之间不发生互作时，就不能有酵母生长，也没有可见的菌落。

①该突变体具热稳定性，突变株在允许的温度值(讨论突变体沉默)内表现保守。

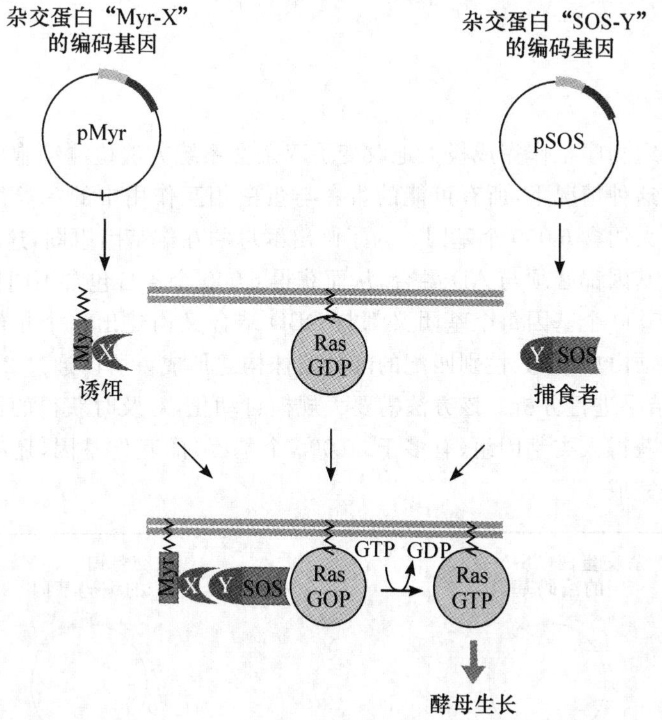

胞浆蛋白

在真核细胞中，结合有泛素(ubiqiutin)在蛋白肽的蛋白质能够被蛋白酶体的蛋白复合物在胞浆中识别并降解。为找出蛋白 X 与 Y 能否在胞浆(水平)发生互作，将编码蛋白 X 的基因与编码泛素在蛋白肽编码(该肽)的 N-端部分(图中标为 N)序列的基因片段相融合。该 N-端能与编码控制报告基因的转录因子相融合。同样地，编码蛋白 Y 的基因与编码泛素蛋白肽的 C 端部分序列(一端部分记为 C)的基因片段融合。如果 X 与 Y 互作，泛素蛋白就能重组，该系统就能被蛋白酶体识别。X、Y 互作并被识别剪接后，释放出转录因子。这个转录因子在核内顺次激活能够产生信号的报告基因产生信号。最后 X、Y 之间的互作可以通过比色检测对菌落进行选择。

双杂交系统还是一个高效的技术，除了上文提到的蛋白 Y，它还能用于找出所有的能与蛋白 X 这个“诱饵”互作的“猎物”。这时，应在载体中构建一个 DNA 表达文库(见图解 15)，在这个文库的每一个 cDNA 上 AD 都能够融合。已知的蛋白 X 与 DBD 融合，通过对表达有结合了 AD 的蛋白 Y 与结合了 DBD 蛋白 X 的细菌进行温育培养，能够筛选 cDNA 文库。然而，这种技术仍会产生很大数目大量的假“阳性”。

互作组

全基因组测序工作完成极大地改变了双杂交系统方法检测细胞内蛋白之间的相互作用。这种情况下，所有可能的蛋白与蛋白相互作用中的一类都能被编辑与构建。酵母大约含 6 000 个基因。为了画出酵母的互作基因组图，这 6 000 个基因中的每一个基因都必须与 AD 融合，从而获得 6 000 个各自包含不同构建的酵母群体。同时，6 000 个基因每个基团又都与 DBD 结合又构建出一个相似的群体。这两个群体必须由单倍的、性别匹配的酵母菌株构建形成。所以通过 2×2 杂交都可获得，并对结果进行分析．该方法需要大规模自动化，对及时获得的数据阵进行统计分析。为获得人类基因组(有多于 30 000 个基因)的互作基因，还有大量的工作需要我们去完成。

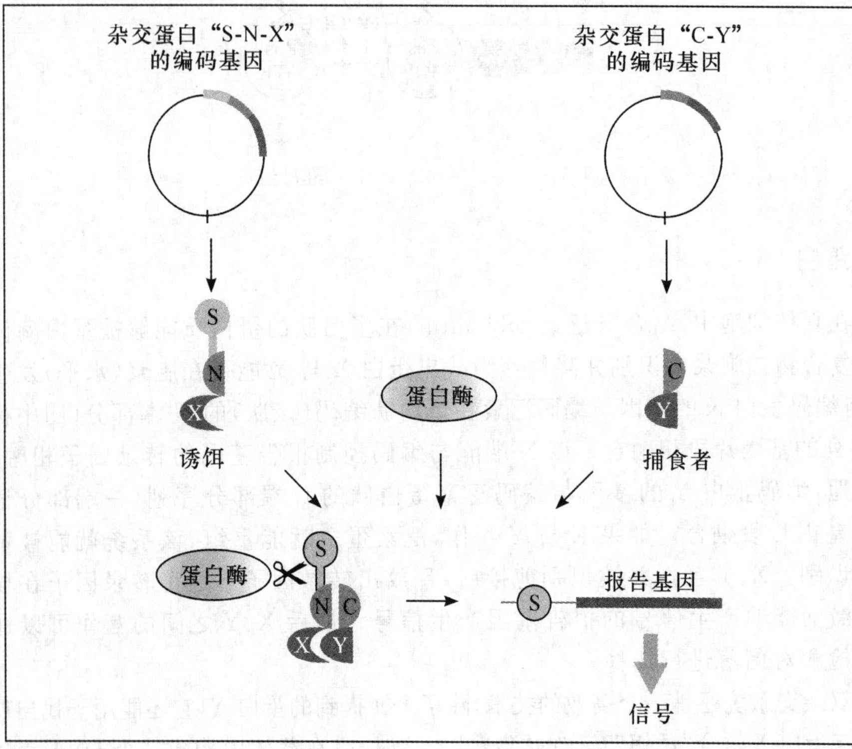

Laurence Damier and Agnès Méreau

图解 42

定点诱变

定点诱变是一项为评价离体修饰在蛋白质功能分析中的重要性，是可以在离体条件下对蛋白质氨基酸序列进行修饰的技术。它的原理在于离体突变基因，离体产生蛋白。为实现这个目标，需要有 cDNA 或该蛋白的编码序列。将核苷酸序列离体修饰后再导入到微生物中（通常是细菌，见图解 10 和图解 39）。该转化的微生物从突变基因可合成蛋白，产生含有突变氨基酸的多肽。为便于研究突变氨基酸在蛋白功能分析中的重要性，接着对该突变蛋白的生化特性进行分析，有三种突变类型可以出现，缺失、插入或碱基置换。

原理

如果基因序列有合适的剪接位点，缺失突变或插入突变就能很容易获得。加入足量的限制性酶就能在一个精确位置删除序列或导入一个外源 DNA 片段。然而此法存在缺陷，因为在小数目的氨基酸中无法进行靶向突变。为克服这种缺陷，借助已知序列的诱变寡核苷酸存在的条件下，一项定点诱变技术发展起来了，这种方法能够让修饰在一个已知序列的 DNA 片段的特定位置上发生修饰。比如，只要某蛋白对应基因序列已知就能改变该蛋白的单个氨基酸。

实验的基本原理在于合成一个互补于待突变基因区域的一个寡核苷酸序列，但又是预期的突变。

将该待突变基因导入 M13 噬菌体载体，将 DNA 以单链形式消化，然后把诱变的寡核苷酸与靶单链 DNA 杂交。由此形成以双链作为引物，在 DNA 聚合酶作用下，合成互补链，获得对应的双链质粒，其链之一突变另一条链不突变。经过细菌转化后，获得一些突变菌株和一些未突变的菌株，为识别含有突变序列的噬菌体，应对小数目克隆进行测序。接着在大肠杆菌中翻译产生突变蛋白（见图解 39），以备分析该修饰序列的修饰效应。

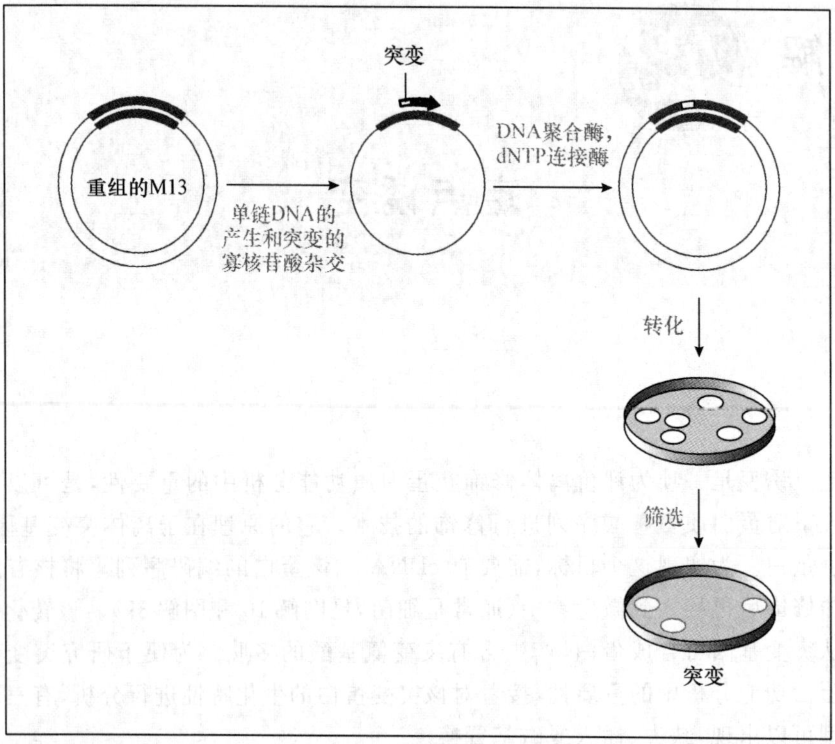

PCR 定向诱变

如上所述方法，诱变产生率相当低，于是也有些人利用 PCR 定向诱变原理进行诱变。理论上借助 PCR 技术的突变诱导可以产生 100％的突变体，但实际生产过程(也叫 Kunkel 技术)只能获得 80％的突变体，PCR 技术突变诱导的基础原理在于：核苷酸引物与靶 DNA 序列严格互补，原则上对于整个所考虑的引物长度来说不是绝对必要的，但与引物反应的 3′-OH 以及 5′-P 端是必须互补的。

PCR 定点突变的第一种方法，需要用 4 个不同的寡核苷酸引物。两个引物(叫 1 和 2)在突变的 5′-P 区域相互之间是互补的，另两条引物(3 和 4)，可以放大所有需要突变的 cDNA，由此，它们在质粒中 cDNA 的 3′-OH 端和 5′-P 端是互补的。

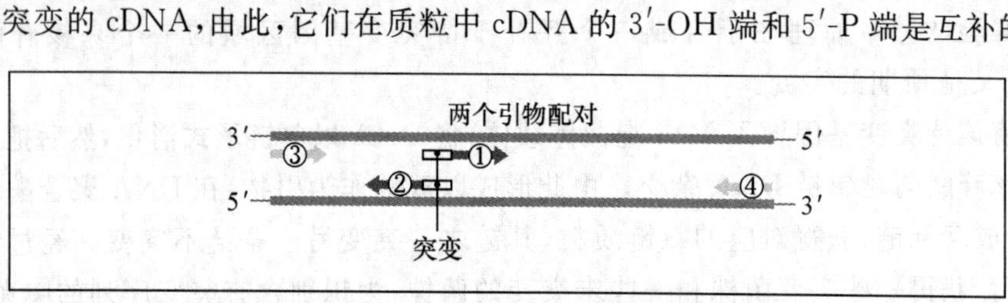

借用这 2 对引物可以同时进行 3 个持续的 PCR 反应，在第一项 PCR 反应中，引物 1 与引物 4 的获得一般在特定区域突变的部分 DNA 片段。同样的，引物 2 与引物 3 进行的第二项 PCR 反应能够同样获得一段部分突变的 cDNA 片段。将 2

扩增产物的连接，使 DNA 在修饰的中间引物片段之间发生变性。这种杂交结果引起 3′-OH 端暴露，暴露片段能从该端开始一直延伸到序列的末端，接着引物 3 与引物 4 引导的 PCR 循环获得一段完整的两条链上都携带突变的片段，接着可将该片段克隆在载体中生产蛋白。

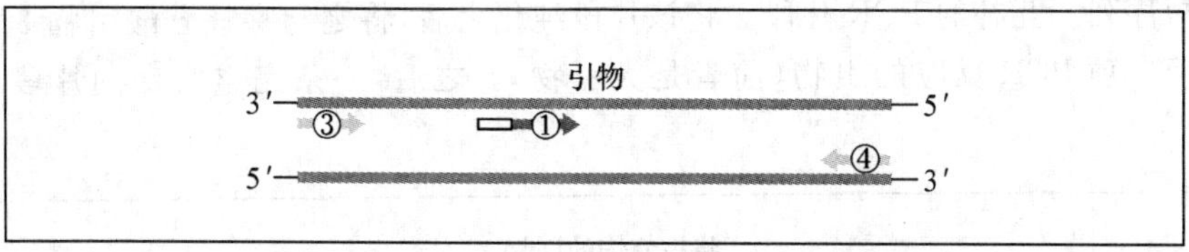

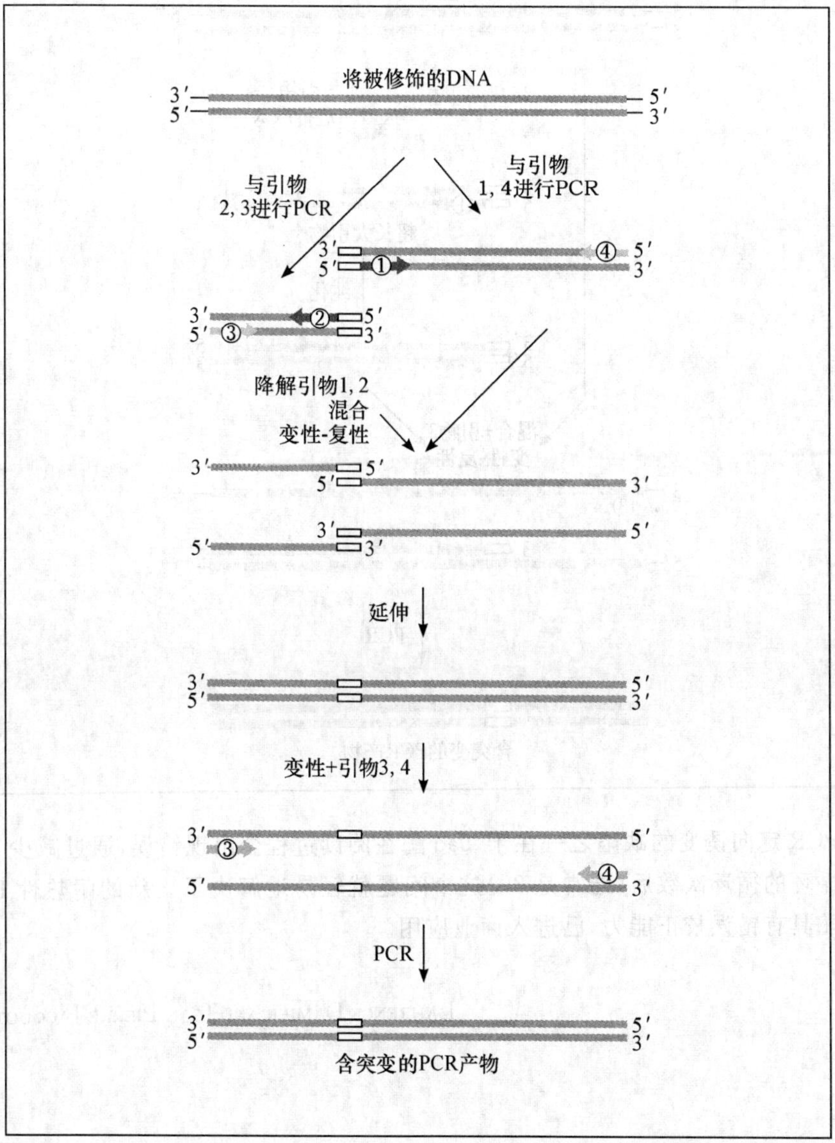

PCR 定向诱变的第二种方法叫做“大引物”法，该方法用到 3 种寡核苷酸引物。第一个引物携带待诱导的突变（供体）并与靶 DNA 的一条链互补。另两种引物（供体 3、供体 4）同前，各与 DNA 末端互补。

第一项 PCR 反应中，引物 1，4 工作，获得一段携带突变对应于各样 cDNA 中的截短序列。互补的 PCR 片段。将该片段纯化之后，将之与寡核苷酸引物 3 一起作为第二项 PCR 反应的引物（前者是大引物）。之后，一条完整突变的片段就产生了。

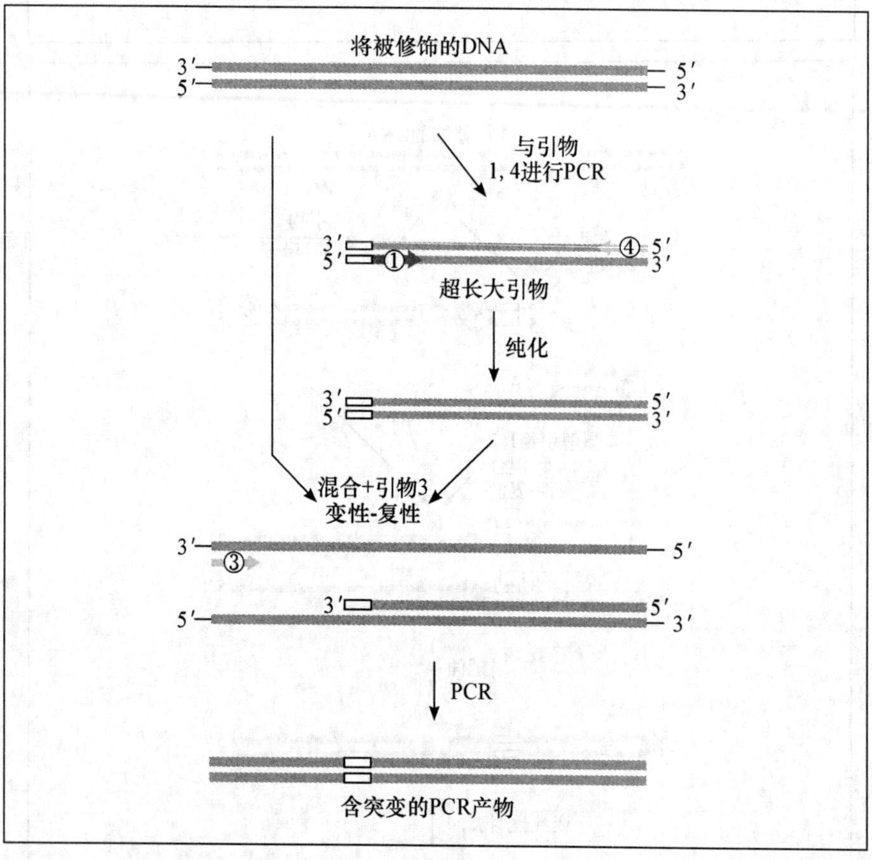

PCR 定向诱变的缺陷之一在于 Taq 酶在阅读过程会出现错误，通过减少 PCR 常用循环的循环次数后（通常是 30）这个问题就轻易地解决了。新的耐热性 DNA 聚合酶具有错误校正能力，已进入商业应用。

LAURENCE DAMIER AND JEAN-PIERRE JACQUOT

图解 43

酵母的突变互补

许多基因组测序工程带来对未知功能基因的鉴定，以及利用序列的简单同源性鉴定基因。证明这些基因生物功能的方法之一是进行酵母功能突变互补，可以用遗传转化法将荣巴基因整合到已经丢失一段已知功能的突变酵母中，获得转化酵母的表现型，目的是为了探明该导入的基因是否有能力恢复酵母丢失的功能，或换句话说，互补该突变。

许多酵母中的蛋白质，在哺乳动物或者在其他真核生物中都存在有对应的同源蛋白质，这样就有可能在酵母中来研究其他真核生物中那些在酵母中对应有同源蛋白质的基因的功能，这项技术在定性以下一些功能路径的基因功能时通常对酿酒酵母同源蛋白的编码基因尤为理想。例如对于有关代谢产物转运、离子转运、分泌蛋白或者细胞周期调控等。为了达到这个目的，目前互联网（URL http://www.uni-frankfurt.de/fb15/mikro/euroscarf）已提供有一个完全删除各个基因的酵母突变体完整株系库。这些突变体是通过以下方法获得的，即在酵母染色体上插入一个删除盒构建（这个构建含有一个卡那霉素抗性基因）。这样对于属于一个基因家族的多个基因的情况（如已糖转移蛋白基因）就可能需要删除多个基因，这样才能得到突变体表型。这些盒是具有多个删除基因的。所以，在互补时，要用含有多个异源基因的异源基因家族，来互补删除的含有多个删除基因的酵母基因家族的酵母突变体。针对这样一些突变的酵母菌株所产生的对应特异表型，而这些酵母菌株是从其上代株系分化而来（例如对于以氨基酸为能源的自养型酶母当一个编码利用此氨基酸的酶的生物合成途径中，即缺失编码这个酶合成途径的转运子基因，这样在低浓度的营养条件时，这个突变体无法生长），其他一些突变体也被称为有条件的突变体，因这些突变基因只在特定条件下才能有功能，而在其他条件时没有功能（如热敏感突变体，只能在允许的温度条件下才能存活，而在较高温度下不能生长）。

实验原理是由分离一个酵母有用缺失突变体，将该突变体用一个靶序列转化。该序列必须被置于一个源于酵母基因的一个启动子和一个终止子的转录控制之下。而且，所使用的含有目的基因的质粒和必须含一个能选择酵母和选择基因，如基因 *His 3*[①]，转化后将这些细胞涂在仅含由质粒转化过的酵母生长条件的培养皿

---

①基因 *His 3* 编码咪唑甘油磷酸脱氢酶，它能使表达该基因的酵母在组氨酸的培养基上生长达到选择作用。

中。然后在尼龙膜上续，培养然后选择含恢复保留缺失活性的野生型基因的菌株。最后分离和分析该菌株上的质粒。

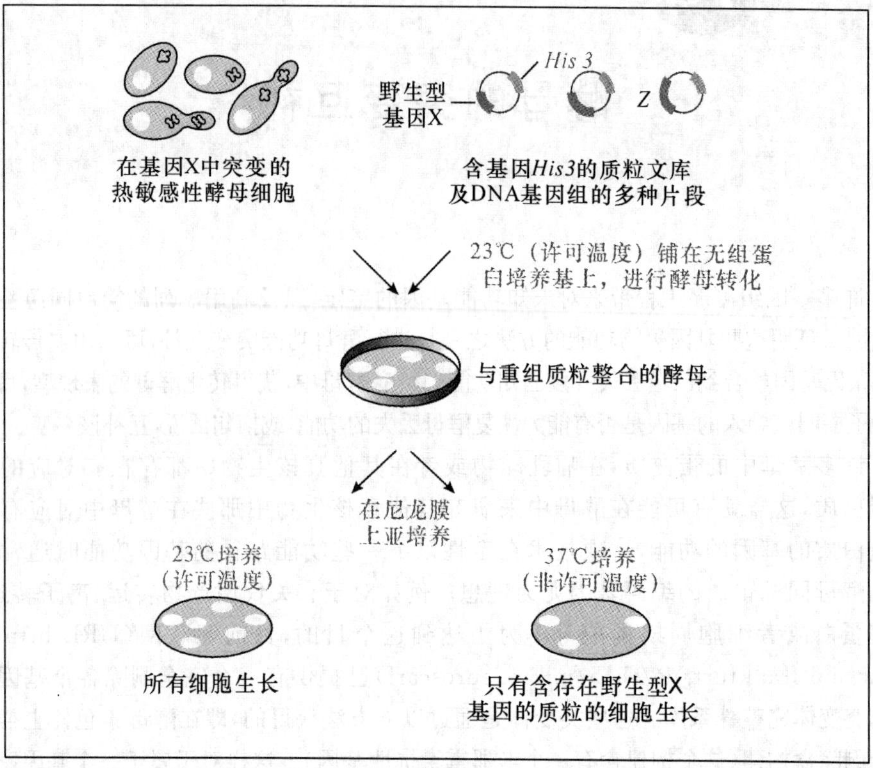

该技术的应用可以至用于寻找在基因组内有特定功能的基因，只要有相应的酵母功能突变体存在即可应用此技术。这种情况下，需要构建 cDNA 或基因组文库在一个质料上，而且这个质粒上的序列能够在酵母中表达（质粒类型与前文相同）。接着靶突变以整个 DNA 文库方式转化并选择互补的细胞。一旦获得带合适表现型的转化体，就要进一步确定该互补表型是否与质粒相连。事实上，缺失互补型有时是由一个抑制子引起的，因为抑制子的过表达会反作用于突变效应，因而很有必要进行质粒缺失测试，例如，在培养基上培养菌株，丢失了质粒的酵母无法在选择培养基生长。质粒丢失测试过后，携带靶基因的质粒就能从酵母菌株中分离出来，然后将其在大肠杆菌中增殖，并重新导入缺失酵母中以证实缺失互补作用。

MICHEL CHALOT AND LAURENCE DAMIER

图解 44

酵母基因的敲除

通过克隆与测序对一个基因进行鉴定后，最终可以将其序列与那些储存在国际数据库内的序列进行比较。有时，被鉴别基因与另一生物的编码已知功能蛋白质的基因表现出相似性，另一情况是，该研究序列又与任何已知序列没有任何相似性，且由该基因编码出的蛋白质功能仍然未知。这两种情况都还需要通过相似的实验来鉴定其生物功能，或创造一个该未鉴定基因突变体。换句话说，该基因的功能必须被证实。基因敲除技术的出现，使得获得一个不再表达某靶基因的转基因生物成为可能。缺失了某一特定功能的突变体，其表现型将表明出由该研究基因编码表达的蛋白的功能。

这项技术需要涉及到生物体的遗传转化(见图解 33 至图解 37)，在此过程中转基因被整入靶基因序列中，而不是随机存在于基因组中。为此，要利用限制性内切酶(图解 4)将一个编码特定基因的序列置于靶基因内，以实现离体靶基因修饰，如此修饰之后，该靶基因将翻译出一个不完整的没有活性的蛋白，然后用转化法将重组体转入生物体内，之后，通过选择培养基对转化细胞进行选择。在转化过程中，该转基因可能将自己随机整入基因组，也可能通过同源重组将自己整合在特点位置。因此，必须对有同源重组的细胞进行检测，在对于酵母和大多数真菌，转化后要进行选择，选择方法是通过分析，在抗选择试剂的细胞基因组中，转基因的整合位点，将基因组 DNA 进行限制性酶剪接就足够了，限制性内切酶能够判别不被插入影响的内源基因与被转基因修饰的内源基因。最后，获得不具合成靶蛋白的能力的生物体，这样，它们的相应表现型也就可以进行研究了。但同源重组以及基因敲除技术不是对所有真核生物都适用，该技术还有待验证，尤其是在植物中的应用。

在一个同源重组过程中，需要发生两次重组事件，分别在基因的两个末端以突变基因精确替代染色体上的基因，这种事件很少发生，同源重组频率很低。而且，产生的基因无活性导致隐性突变(功能缺失)，它将在二倍体中不显现。同源重组事件仅影响所涉位点两个等位基因中的一个，另一个仍能表达生产一个有活性的野生型蛋白，故应将携带突变的单倍体分离。例如，在酵母中，通过减数分裂诱导孢子形成产生 4 个单倍体孢子(相当于配子细胞)：2 个携带无活性突变基因及标记基因，另 2 个有活性的野生型基因且无标记基因。这些孢子能够在选择培养基上发芽，进而选择出由转化了的孢子长成的菌株。

该项技术也同样能应用于动物模型，需要用到的材料是：哺乳动物的若干胚胎干细胞，一个携带足够选择标记的修饰基因。在这种情形中，第一个后代得到的将是一些杂合的转基因动物，它们之间必须经过杂交才能获得供人们进行研究的纯合体。我们要研究的就是该纯合体的表现型。然而，其同源重组的频率仍然是相当的低，以小鼠为例，其重组频率是在酵母中重组频率的1%。

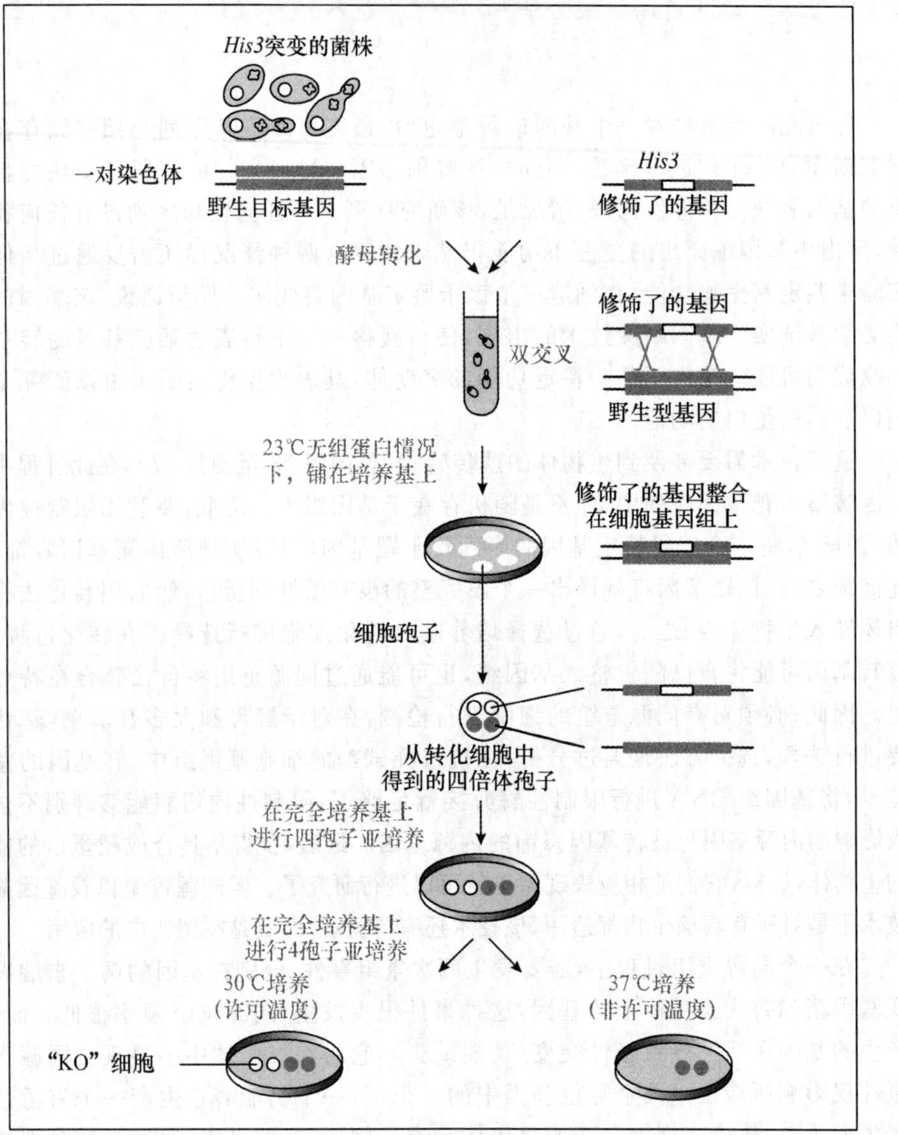

图解 45

基因标签

“基因标签”包含一系列策略，这些策略用于在表达研究及蛋白活性常规研究的上游，从而在一个基因的序列及该基因的功能之间建立联系。

基因标签的基本原理在于，使用能够将自身插入基因组中不同位置的一段外源 DNA 序列，通过将自身插入一个已知基因中或它的附近该特定基因，该外源序列将可以：①影响该基因的功能并在其上产生一个突变体；②作为标签对未知基因进行定位并快速建立序列功能间的联系。外源 DNA 序列的整合需要转基因操作步骤及转化群体或突变多个个体的建立。

基因标签有两种可行的办法：①常规标签或（叫）正向遗传学；从突变体表现型中克隆基因；或②反向遗传学：从简单序列数据中获得一个突变体表现型。

原理

正向遗传学立足于得到一个期望表型的突变体（如花发育突变体）这个突变体表型的突变基因本身或者这个基因编码的蛋白质产物方面的有关信息是不知道的。当通过标签序列插入创造一个突变体后，该序列可以由不同的分子策略用于恢复标签序列邻近的突变基因片段。这些片段反过来又作为探针来恢复源于与由非突变个体构建得的一个基因组文库的完整功能基因。因此，正向遗传学可以用于获得突变表型对应突变基因的序列。为确定的突变体类型，复杂的系统也已经发展起来了（见下文）。

基因组研究进展对于一些模型物种来说，可以获得那些既无表型数据记录，也无可供功能研究的突变体存在的基因序列。几年前开始发展的反向遗传学策略可以进行反向基因标签过程，如，从某一基因序列中获得该基因的突变体，正如正向遗传学，反向遗传学也需先建立插入突变体库。这些特定基因的突变体能够通过一对引物（一个用于基因序列，另一个用于标记物上）在突变体库中内定位，只有携带特定基因的插入株系才会发生两引物间的扩增反应，并使该基因与其相关突变体表型产生对应关系，这种策略的复杂性在于需要筛选大量的株系，这些株系聚类成金字塔状的“库”与“亚库”，然后需要对其顺次分析，直至鉴定出独立的株系。反向遗传学主要在大规模测序的生物体上应用，例如模式植物拟南芥、酵母或果蝇。

标签的性质

有两种标记可用转座子和 T-DNA(后者只在植物中应用)，T-DNA① 是一种从土壤根癌杆菌中提取出来的质粒状的一个 DNA 片段，它能将自身转入受侵染植物的基因组内(见图解 33)，T-DNA 标记的插入突变体库的获得需要一个转化的操作步骤，但插入是稳定的。

转座子是一种遗传因子，它们能够通过与基因组功能特异的方式(至少可以通过自主转移)将其自身插入基因组中。转座子可以分为两类：①带 DNA 的元件，如玉米的 Ac 或果蝇的 P 因子，它们可以切割自身而跳离原位点；②逆转座子：是通过以中间物质一段 RNA 的复制子方式进行转座易位。后者更具优越性，它可以创造稳定的插入。目前在植物以及果蝇中最为普遍使用的元件是携 DNA 的元件。逆转座子主要用于酵母与老鼠中进行标签，目前它们也在植物上有所利用，尤其是水稻。

在植物中，用转座子标鉴基因，即在一些含有它们的物种(同源状况)，或者也在一些已被转入的物种组(异源状况)下使用。异源状态下的转座子更为常用，部分原因在于它能克服由大量内源基因同源复制引起的问题，另一原因在于它还允许使用更为复杂的标签：因为修饰改进的标签可以引导直接产生所需的突变类型或功能类型(见下文)。

应用转座子的重要优势在于它们能够自我移动，而 T-DNA 只有在转化操作过程中才能发生整合插入。而且，在异源状态下，转座子能够通过缺损转移控制它们的迁移率；缺损转移只有在一自主转向同时存在时，才会移动。通过灵活控制遗传杂交可以按照目标让标签运动、停止、再运动，还可能克服携 DNA 的转座因子的主要缺陷，消除转座因子将自身切离已标签的基因座，而造成插入突变遗失的风险。

插入序列侧翼基因组序列的鉴定(正向遗传学法)

正向遗传学法的基本步骤在于获得标签侧翼基因的片段。这个片段将最终可用于克隆由非突变体构建获得的基因组文库的完整基因。该方法长期依赖于突变

①由土壤农杆菌(T-DNA 的携带者)介导遗传转化可以扩展到其他生物中，尤其是真菌。

体基因组文库的构建以及“标签”探针对该文库的筛选。侧翼片段获得后进行阳性克隆分析、定位，接着亚克隆标签侧翼的部分基因组片段。如果实验时用一个异源体系或用上自然情况下存在很少的拷贝数(这种情况很少见)的转座子而且你可以很易地进行突变体表型的共分离分析，比如通过一个片段，可用 Southern blot 未鉴定。这种“标准”的克隆类型相对容易，近期，在开发很有希望的 T-NDA 方面，已发展出了像 iPCR 或 Tail-PCR 的 PCR 策略，这在很大程度上促进了插入序列侧翼区域的克隆。

当转座子存在大量拷贝数时，从众多其他拷贝中区分出作为标签的那个拷贝的难度就会增大，多亏有了完美的纯化技术，一项高度敏感的方案发展起来了，该纯化技术能够同时对大量的插入位点进行扩增，并使它们在高分辨率的聚丙烯酰胺凝胶上能用视觉同时加以分辨。这些叫做转座子展示或序列特异扩增多态性(见图解 53)的技术中，包含了一种在插入中锚定的 AFLP 类型(见图解 52)的扩增技术，这样使得在同时出现的大量拷贝数(成千上百)内的跟踪特异 DNA 片段的分离成为可能。

改进的标签系统

不论是正向还是反向遗传学，标签策略得以成功的关键条件之一，在于在特定位置获得插入片段的个体之前，大规模削减那些要做筛选各个体的群体。使用了改进的标签以后，实验标签成功的几率能够获得显著的提高，该改进的标签携带了各种各样的序列与功能，并能进行筛选甚至选择一种特定的突变体类型。可以构建一类标签，这类标签因携带了只有在编码序区插入(基因捕获)或启动子区插入序列(增强子捕获)以后，才会确保的报告基因表达的，从而能更容易定位基因内插入。或启动子区插入最为广泛使用的报告基因是比色差标志，它能同时对标签基因的表达模式进行分辨。也可以使用选择标志(如耐受抗生素的标记)，它们能够直接选择携带该插入类型的个体，而不仅仅是将它们在突变体库内定位。进一步的改良将得到的结果将是同一标签内两种标记类型之间的关联/结合。通过在标签中插入一个能激活毗邻序列的强启动子(激活标签)，也可能找寻到获得功能的突变体而非丢失去功能突变体。当然，如果没有转座子的改造，并将其重新导入基因组中(植物中为 T-DNA)，尤其是在异源重组状态下，上文提到的所有提高和改进都无从说起。

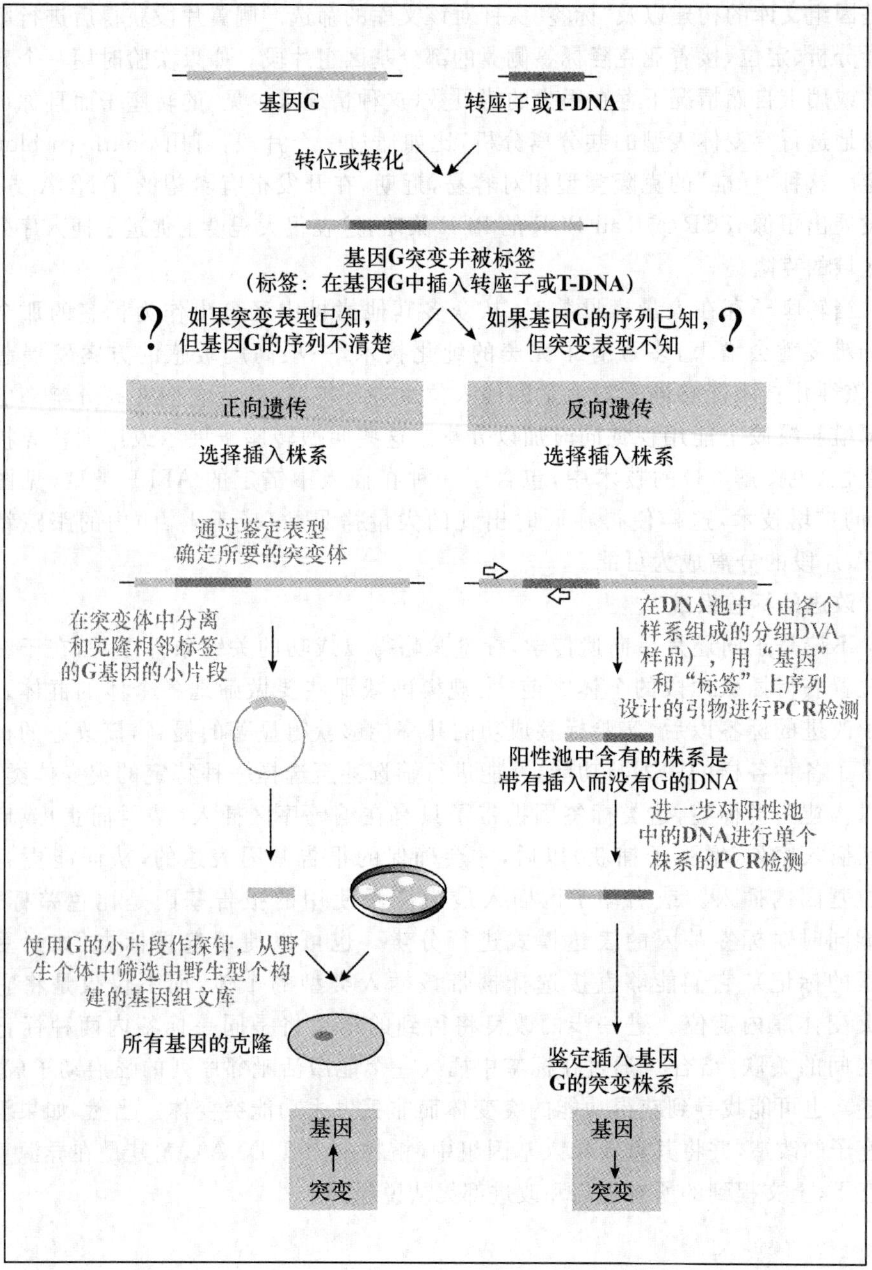

MARIE- ANGÈLE GRANDBASTIEN

图解 46

RNA干扰

在利用转基因植物过程中，20 世纪 90 年代初，人们发现了基因表达沉默这种不容置疑(且至今仍无法解释)的机制。事实上，这种不表达现象已经在一些转基因重组过程中观察到过。那时，人们认为是靶基因过度表达的结果，那么，一个特定的过度表达如何导致转基因的沉默呢？同时转基因的同源拷贝在细胞中出现，或者，简单地说，为什么会 1+1=0？往细胞内人为地补充加入复制子，似乎会阻碍该基因不同复制子的任何表达。后来证明这些现象发生在后转录水平且是由(来源于)内源基因及转基因转录来的同源信使 RNA 的特异降解引起的，这些现象称为后转录基因沉默(PTGS)。对这些现象的研究已经证实有双链 RNAs(dsRNAs)的扩增行为。根据情况，它们的形成是由于在转基因位点存在反向重复，产生了 mRNA 的正义-反义链的转录产物，或者是产生了高产量的“正义链”转录产物，而产生这些转录结果的机制目前仍然无法解释。而且，1998 年证明了往线虫中注射 dsRNAs 会促使同源内源基因的失活，这种现象被命名为 RNA 干扰(RNAi)，它明显表现出与 PTGS 在很大程度上的相似性：①在基因表达沉默区存在 dsRNA 插入；②一些蛋白控制表型关系存在相似性；③积累了 21～25 个与失活基因的 mRNA 同源的正义或反义核苷酸；④从固定起始点开始，失活信号向外传播有时通过一个系统的反应将诱导整个有机体的失活。

PTGS 与 RNAi 现象的运行机制有许多相同的过程。这些现象似乎也存在于丝状真菌(比如红面包霉菌)、昆虫(果蝇)以及哺乳动物中。靶基因的 dsRNAs 的出现触发产生 PTGS/RNAi，而这些双链 RNA 分子可以由转基因产生而获得也可直接往细胞注射获得。然后，由一种 dsRNA 的专一 RNA 酶(动物中称为 DICER)将这些双链 RNA 剪切成大约 20 bp 的寡核苷酸，称为小干扰 RNAs(siRNAs)。剪接获得的反义 siRNAs 作为酶复合物(RNA 诱导沉默复合物或 RISC)的引导，酶复合物将降解内源基因转录获得的 mRNA，于是转录本消失了，无法翻译出相应的蛋白质，而且在线虫上反义 siRNA 可以作为依赖于 RNA 的 RNA 聚合酶(RdRP)的引物，合成内源基因 mRNA 的互补 RNA，从而增多了细胞内的 dsRNA 数量，放大了 RNAi 的信号。

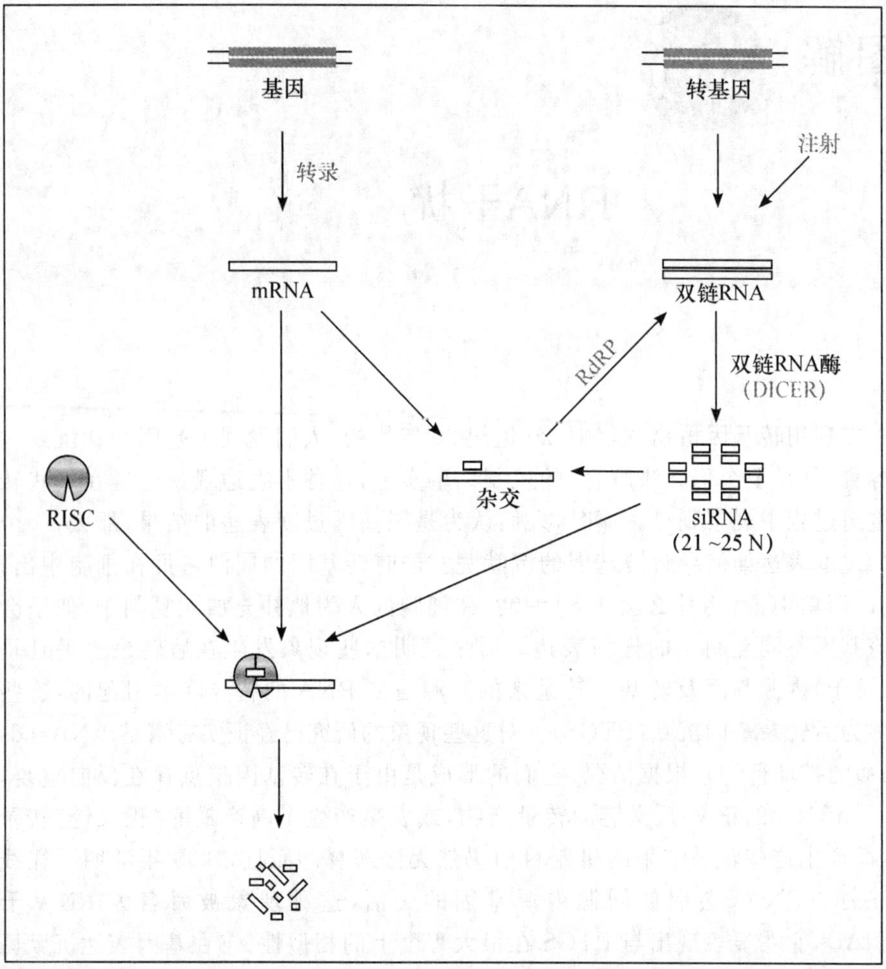

因此，RNAi 可以成为一种相对简单的基因失活技术加以应用，它只适用于很少数目物种的重源重组技术引发基因失活(见图解 44)。RNAi 在低等动物中获得快速应用，例如，在线虫中，给这些动物喂食含靶基因的 dsRNAs，的细菌，就足以用瞬间近系统的方式阻碍几乎存在于线虫的所有细胞中的该特定基因的表达。

在哺乳动物中，细胞内 dsRNAs 的存在通常诱发 PKR 类型或干扰素的抗病毒反应，从而引起细胞内翻译的广泛抑制。注射 dsRNA 以后会诱发产生非特异性的反应，这就是刚开始尝试使用 RNAi 时通常失败的原因。只有那些缺乏这种类型反应的细胞或组织(单细胞的合子，培养的未分化细胞的)才会对 RNAi 产生阳性反应。然而，通过限定 dsRNAs 的大小规格为 21 个核苷酸的明确特定结构也使之能够发生 RNA 干扰，而且不诱发抗病毒反应，此后，上述障碍就被成功地克服了。

目前，PTGS/RNAi 的应用在快速普遍化。在低等动物(主要是线虫与果蝇)中，dsRNA 注射方法的简便性使之能够运用于基因组研究，同时一个基因挨一个基因地确定完全染色体(大约 2 500 个基因)上所携带的基因的功能。目前,人们也在哺乳动物的细胞培养中假想进行比较研究。

植物界能够直接转录成为 dsRNA 的转基因植物已经产生。这些转基因植株具高效的致同源内源基因失活的能力,并能培养成为具有农业利用价值的种质资源,成为改良了的具农艺性状价值的转基因植物,而且由于模式植物拟南芥的转化效率相当高,人们开始考虑应用这些策略,用 PTGS/RNAi 技术的转基因策略进行拟南芥的基因组研究。

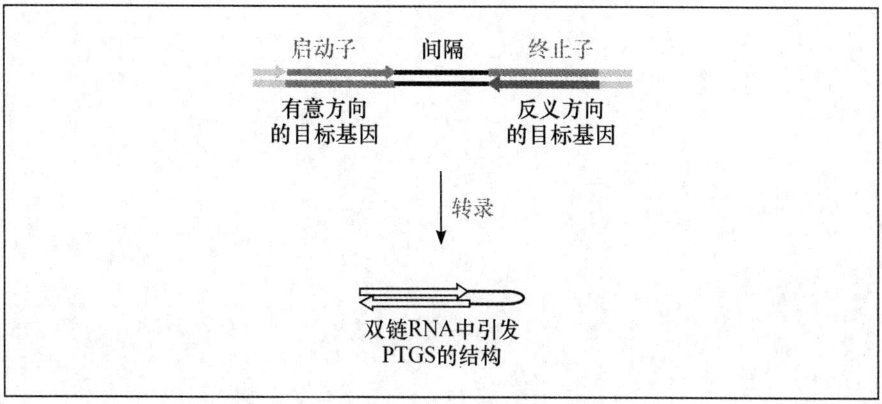

Christophe Béclin

Ⅷ

基因组多态性

图解 47

分子标记

基因组多态性的研究是一种已经引起高度期望的方法，每年都产生新的技术。每种技术都有其优势与不足，如何进行选择，主要是由所要解决的基因组问题的性质而定。

什么是基因组标记

基因组标记是一种可测的孟德尔遗传性状，传统的形态标记（如颜色、形态）区别于分子标记（DNA 水平）和生物化学标记（同功酶、蛋白质、次级代谢物如萜），一种理想的标记其性质可以总结如下：

- 多态性：在不同个体间变化。
- 判别力：能够将非常相似的个体区分开。
- 多等位基因：相同位点有多个等位基因（也就有不同的 DNA 序列）。
- 共显性：一个杂合的个体积累了两个纯合亲本的性状而使之区别于任何一个亲本。
- 非上位性：标记的基因型可以从表型判断——不论其他座位的可能基因型是什么。换句话说，所研究标记的表达独立于基因组内其他标记的表达。
- 环境独立性：任何环境下标记的基因型都可通过表现型来确定。
- 中性等位基因：不论什么等位基因出现在标记座位上，个体的选择价值不变。
- 在整个基因组中均匀分布：以便于评价基因组内多个位置的多态性。
- 实验可重复性。
- 具经济价值并可大规模生产。

形态标记大多表现差的多态性与一般显性，它们受环境影响也为其他性状干扰。生化标记的缺陷在于揭示的位点少并具器官或发育阶段的某一定特异性。另一方面，DNA 水平上的标记在数目上既无限制且独立于发育阶段与某一分析器官。一些类型的技术显示出分子标记的“个体性”，一个反应产生一个单一的分子标记（如微卫星），其他技术则表现出标记的整体性，一个反应能产生许多标记（如，RAPD 或 AFLP，见图解 51 和图解 52）。

分子标记的基本资源

序列多态性

测序是研究 DNA 片段多态性的唯一全面的高级方法，尽管具自动化的优势，但由于位点数目以及在基因组研究中通常需要大量的基因位点数，测序技术仍然使用不多。于是就借用间接方法，虽不很全面却更快速、更经济。

“个体性”的共显性标记：该技术基于以下检测方法：

——限制性的酶位点水平差异：RFLP（见图解 50）和 CAPS；

——DNA 构象差异：SSCP（见图解 54）；

——DNA 稳定性差异：DGGE/TGGE 技术（见图解 55）。

“全体化”的显性标记：基于以下检测方法：

——随机引物杂交位点差异（引物结合位点突变体防止引物结合致使带消失）：MAPP（RAPD，AP-PCR，DAF）；

——随机引物剪接位点与杂交位点差异：AFLP 与 tecMAAP。

重复数目的多态性

● 微卫星

微卫星或简单序列重序（SSR）由单一、双一、三一或四核苷酸基序串联重复组成，如（A）n，（TC）n，（TAT）n，（GATA）/n，n 值在几个单元与几十个单元间变化。用极端高度多态性技术鉴定了微卫星。多态性含许多重复单元。用 PCR 技术定位共显性与多等位基因标记的微卫星基因座。一个微卫星与一个基因座不具专一性，但其侧翼区域具专一性，用专一于这些侧翼区域的一对引物将可以扩增这个微卫星，并在高度分离的聚丙烯酰胺凝胶中检测出多态性长度（见图解 57）。

● 中微卫星扩增（IMA）

最新开发的微小卫星根据 RAPK 原理可以产生多个标记。因此可以利用由一段微小卫星序列与随机碱基组成的引物。

● 小卫星

小卫星与微卫星整体结构相同，只是重复单元长度不同，它可以是几十个碱基。

正确选择标记

基因组标记的应用之一是建立遗传图谱（见图解 48），使控制数量性状位点（QTL）的染色体区域得以定位。利用遗传学改良程序内的数据可以构建一个标记辅助选择（MAS）的小方面。

• 显性标良 MAAP（大量随机扩增方案）与 AFLP 可以用于产生大量标良，且对那些需要许多标良的目标非常合适。因此它们可以应用于以下目的：

——快速完成各物种的遗传学图谱。尤指那些未被彻底研究且还未开发其 RFLP 探针或 STS 以及其他共显性标记的物种；

——应用于群体遗传学，研究多样性：如群体内或群体间结构、遗传学距离、分类；

——用于阳性克隆，在待克隆基因附近产生高标志密度（染色体步移）。

• 专一于一个基因座的共显性标记也被广泛使用；

——共显性使显性可在 QTL 中被测定；

——如果标记含多个等位基因，它将为许多家系提供信息，它还可以被广泛用于遗传图谱的构建；

——如果能够在系统进化发育相近的物种或类属中应用，这将对比较作图非常有用。

标记	中性(neutrality)	数目	共显性	位点专一性[1]	多态性	发育阶段,器官[2]	技术要求	耗费	编码序列
形态	否	有限	少(rare)	否	低	是	低	低	?
同功酶	是	40	是	是	低	是	低	低	是
蛋白质(2D)	是	100	是	是	低	是	中等	中等	是
RFLP	是	无限	是	是	高	否	中等	中等	是/否
MAAP	是	无限	否	否	非常高	否	低	低	是/否
AFLP	是	无限	否	否	非常高	否	中等	中等	是/否
微卫星	是	少(few)	是	是	非常高	否	高	非常高[3]	是/否
IMA	是	无限	是	否	非常高	否	低	低	否
STS	是	少(few)	是	是	中等	否	高	高	是

1 这一栏中,说明个体标记位点的技术与揭示群体标记位点的技术不同。2 与发育阶段或研究器官相关的标记。3 几乎每一步骤对微卫星的开发都是必不可少的。

		描述	参考文献
AFLP	扩增片段长度多态性	两个限制性内切酶切割基因组 DNA,并连接大约 20 bp 的接合器的 PCR 扩增。引物由衔接头和含三个任意碱基的 3′端构成	Vos et al. (1995), *Nucl. Acids Res.*, 23: 4407 – 4414 (see Profile 52)
AP-PCR	任意引物 PCR	在低杂交温度下,使用由任意 20 个碱基构成的单引物扩增未知序列的 PCR 技术	Welsh and McCELLAND (1990), *Nucl, Acids Res.*, 19:861–866
CAPS	剪切扩增多态序列	限制性内切酶切割基因组 DNA (STS 或 SCAR)扩增片段后,产生的片段长度多态性可通过电泳技术检测	Konieczny and Ausubel (1993), *Plant J.*, 4: 403–410
DAF	DNA 指纹图谱扩增	使用较短引物(5～10 个碱基)	Caetano-Anolles et al. (1991), *Bio/technology*, 9:553–557
DGGE	变性梯度凝胶电泳	在含尿素/甲基化线性梯度的丙烯凝胶中电泳。双链 DNA 片段将部分降解,形成一个基本不动的“分支”或 Y 形结构。稳定的融合区域上一些不同的序列会产生不同的稳定性,迁移水平也因此改变	Myers et al. (1987), *Methods Enzymol.*, 155:501–527
IMA	内部微卫星扩增	以含有未核苷酸化的重复序列及一些任意碱基的引物,与基因组 DNA 进行 PCR 扩增	Zietkiewicz et al. (1994), *Genomics* 20:176–183 (see Profile 57)
MAAP	多兼并扩增子图谱	在基因组 DNA 中,使用任意引物产生复杂电泳和多态性图谱的所有 PCR 扩增技术(RAPD, AP-PCR, DAF, AFLP, IMA…)的总称	Caetano-Anolles et al. (1994), *Plant Mol. Biol.*, 25:1011–1026
tec-MAAP	模板核酸内切酶切割 MAAP	基因组 DNA 上 MAAP 型的 PCR 扩增主要使用限制性内切酶切割。AFLP 技术属于本技术	Caetano-Anolles et al. (1993), *Mol. Gen. Genet.*, 241:57–64
Microsatellite or SSR	简单序列重复	在不同位点依次重复单、双、三、四核苷酸。该方法在真核生物的基因中是丰富的并具高度多态性	Tautz (1989), *Nucl. Acids Res.*, 17: 6463 – 6471 (see Profile 57)
RAPD	随机扩增多态性 DNA	使用含 10 个任意碱基的引物进行 DNA 片段的 PCR 扩增	Williams et al. (1990), *Nucl. Acids Res.*, 18: 6531 – 6535 (see Profile 51)
RFLP	限制性片段长度多态性	使用限制性核酸内切酶水解 DNA,然后将一个标记的探针与通过凝胶电泳得到的片段进行杂交,再移至膜上进行多态性显示	Botstein et al. (1980), *Am. J. Human Genet.*, 32: 314 – 331 (see Profile 50)

续表

		描述	参考文献
SCAR	特性序列扩增区域	使用特异引物(14～20 个碱基),通过 PCR 技术进行基因组 DNA 片段的扩增。这些引物可通过在凝胶上隔离、克隆、测序得到一个 RAPD 片段的序列而被确定	Paran and Michelmore (1993),*Theor. Appl. Genet.*, 85:985-993(see Profile 51)
SSCP	单链构象多态性	使用特异引物,通过 PCR 技术进行基因组 DNA 片段的扩增。双链 DNA 变性(94 ℃,10 min),迅速降温以保护加入的单链,然后在未变性丙烯凝胶中电泳	Orita et al. (1989), *Proc. Natl. Acad. Sci. USA*, 86: 2766-2770(see Profile 54)
STS	顺序标签位点	使用一个序列的特异引物进行 PCR 扩增	Olson et al. (1989), *Science*, 254:1434-1435

CHRISTOPHE PLOMION

图解 48

遗传和物理图谱

遗传学图谱是基因组的简单化代表，它将染色体的所有标记线性化排列并确定两两标记之间的距离，所用的测量单位（厘摩，cM 或遗传距离单位）是由同一时间两个基因座（遗传标记）间的重组频率计算而来的，而物理图谱中，DNA 分子是用特定序列组成的分子标记而做记号的，其距离用碱基对数目（bp）表示。

遗传图谱的构建

现实中，遗传图谱的构建是以减数分裂过程中的交叉互换现象为基础的。遗传图谱的构建需要：①有性繁殖的杂交后代株系；②该株系内各个体不同标记的基因型的确定。接着用统计分析与数学计算方法来评估各标记间的遗传距离，详细遗传研究标记之间的遗传，将复杂性质分解成不连续的组分（数量性状定位或 QTL）以及利用标记间的连锁及 QTL 进行标记辅助选择。自 20 世纪 80 年代末，大部分的农业物种其 RFLP 图谱（见图解 50）已经建立起来。在过去的 10 年期间，分子标记检测技术的先进性以及标记数据统计分析的发展使得遗传图谱领域获得重大开发，现在图谱已经完成（连锁群的数目与染色体数相等）。很多时候，这些图谱能够用于研究没有任何现存遗传信息的物种或为那些没有任何经典谱系可用的物种构建图谱（如，有很长“繁育”周期的物种如林木）。

物理图谱的构建

物理图谱的构建需要对染色体内的 DNA 片段以有序化归组重新构建基因组。可利用克隆载本柯斯质粒型、BAC 或 YAC 等载体对大 DNA 片段进行整合（见图解 8）。物理图谱通常是基因组测序的重要前提。事实上，物理图谱是由分子标记（DNA 序列）通过对每一个克隆进行标记构建起来的，可能的话这些操作也可用于构建遗传图谱。为了寻找染色体上克隆的起始因子，需要在克隆中间组织克隆，这是构建图谱的困难所在。带有共同部分且由相同标记显示的克隆簇汇集成“重叠群”即成为重叠克隆组。接着所有的“重叠群”一起相重新构建染色体上的 DNA 片段链。

遗传图谱与物理图谱的关系

汇集整合了大量物理图谱和遗传图谱都共有的位点使得某一特定的基因组的两种图谱具有共同处，如定位于遗传图谱上的 RFLP 标记或微卫星可以在物理图谱上轻易测序与定位。整合的困难在于两种图谱的尺度(一个单位为 cM，另一个单位为碱基对数目)不能共线性。在拟南芥中，平均 1 cM 相当于 220 kb 但在基因组区域内可从 30 kb 变化到 1 000 多 kb，而且，即使认为标记序列都在两种图谱之间，它们的相对距离有时却相当不一致。这是因为整个基因组的重组频率不是固定不变的。当二者的物理距离短时，这些区域的重组频率即高些(重组热点)；另一方面，有很长部分的 DNA(着丝粒或端粒区域)中其重组现象受异染色质或高度重复的 DNA 抑制。这些区域最后表现出两个标记间更小的遗传距离，它们趋于归为若干个基团"族"。换句话说，在一个较少重组的基因组区域，1 cM 相当于大量的碱基数，而在高度重组域 1 cM 仅代表几个碱基数。

物理距离与遗传距离的比例变化是染色体内的水平变化，但当对具不同 DNA 水平的物种进行比较时，该值的变化更普遍。下表表示的是一些物种物理距离与遗传距离之间的关系，对于这些物种能够有效完成其遗传图谱。表示如下：

- 基因组的遗传学大小变化小(从单链到双链)且每个染色体大约为 150 cM (=1.5 M)，因此，减数分裂代表了推断基因组每个染色体平均 1.5 交换的过程。
- 对比于每个细胞内 DNA 数量的相当大的变化，物种间遗传图谱长度变化值低。因为表达的基因其数目在高等植物内必须有相同的数量级。这些 DNA 数量的不同将明显地归因于不能转录的重复 DNA 其数量的高度变化。基因组的物理大小变化似乎与遗传大小的变化不相关。因此，当基因组大小增加时，似乎每单位的物理长度的交换频率也提高了。

对某一特定基因组其遗传图谱与物理图谱的比较可以产生如下可能：

- 从遗传图谱上一个目标基因座的位置可以较容易地获得相应基因(阳性克隆)。
- 从上述的相同位置，可以获得任何 DNA 序列的遗传位置。

物理图谱昂贵，目前只在含"小基因组"(拟南芥、水稻)且其遗传图谱也能同时获得的一些知识能够被转移到具农艺性状的物种中，如从拟南芥到油菜，或从水稻到小麦。

物种	物理大小(Mb)	遗传大小(cM)	染色体数目(n)	每个染色体上平均遗传大小(cM)	Mb/cM
T4 噬菌体	0.16	800	—	—	0.000 2
大肠杆菌	4.6	1 750	—	—	0.002 6
啤酒酵母	14	4 200	16	262.5	0.003 3
秀丽杆状线虫	100	320	11/12	—	0.312

续表

物种	物理大小(Mb)	遗传大小(cM)	染色体数目(*n*)	每个染色体上平均遗传大小(cM)	Mb/cM
拟南芥	150	675	5	135	0.22
果蝇	170	280 F	4	70	0.607
桃	300	712	8	90	0.42
水稻	450	1 490	12	125	0.30
桉树	600	1 370	11	125	0.43
芜菁甘蓝	650	1 850	10	185	0.35
栎树	900	1 200	12	100	0.75
番茄	980	1 280	12	107	0.76
马铃薯	1 540	1 120	12	93	1.37
玉米	2 500	1 860	10	186	1.34
莴苣	2 730	1 950	9	217	1.40
人类	3 000	2 800 M 4 800 F	23	121.7 M 208.7 F	1.071 M 0.625 F
小家鼠	3 000	1 700	20	100	1.764
节节麦	4 200	1 330	7	190	3.15
大麦	5 500	1 250	7	178	4.40
小麦	16 000	3 500	21	167	4.57
海岸松松属	25 500	2 000	12	167	12.75

M,雄性;F,雌性。

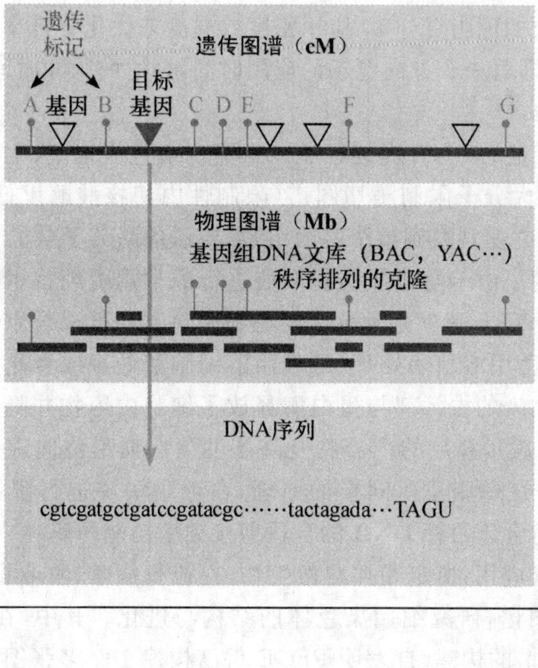

CHRISTOPHE PLOMION

图解 49

PFGE：脉冲电泳

传统的琼脂糖凝胶电泳（在稳定电场中）能够分离大小在几百个核苷酸到 50 kb变化的 DNA 片段。超过范围，片段无法分离并形成一个迁移带。

脉冲电场凝胶电泳（PFGE）是由卡尔（Carle）奥尔逊（Olson）于 1985 年发展起来的技术，用于研究酵母菌啤酒酵母染色体。该项技术能够分离大小在几千个碱基到 10 000 以上个 kb 之间的 DNA 片段。最常用的大小标准可以是 λ 细菌病毒基因组的多聚体（50～1 000 kb 以上），也可以啤酒酵母染色体。电场可在 90°～180°范围变化。目前最常使用的构象是钳压均匀电场（CHER）其他的两个电场间的角度为 120°，分离的原理是以两个电场的变化时间点上，分子恢复方向的速度不同为基础的。因此根据第二电场的方向，大分子需要花比小分子更多的时间为自己定向。每次改变电场所延迟时间的累积，可以在迁移的最后使各分子发生分离，可以通过改变参数如琼脂百分率、应用密度或温度来优化分辨率。然而，最基本的参数是脉冲时间，即每一个方向电场的应用时间，合适的脉冲时间有利于一定大小范围内的片段的分离。

PFGE 需要特定的 DNA 提纯程序。为鉴定染色体组型（生物体的染色体组）或基因组 DNA 的大分子限制酶切图谱（限制性内切核酸酶以低的酶切频率切割产生的 DNA 片段并能观察到整个基因组）需要预备高分子量的 DNA 分子。但在制备该样品时限制了由苯酚或氯仿提取液进行的常规提纯技术的使用，因为它会使 DNA 发生随机断裂，这就是为什么要将细胞包装在低融合点时的琼脂基质中，然后原位溶胞（细菌用溶菌酶处理、酵母用溶细胞酶处理或者是其他酶）以降解外细胞衣壳。然后加入的去污剂与蛋白酶释放了细胞内容物并降解细胞蛋白（包括结合 DNA 的蛋白质），释放的内容物及降解的蛋白质最终向琼脂基质外部扩散。仅 DNA 仍被截留在琼脂里。同样的原理，在琼脂块中进行限制性酶剪接，保护 DNA 散失（选择适合于目标 DNA 的合适剪接频率功能的酶）。

该技术有多处应用：鉴定和探测微生物（在流行病学、农业食品中应用），绘制人类染色体片段图谱，研究细菌染色体的结构与进化。其中，在最后一项的应用中，物理染色体图谱的构建（自发明 PFGE 后已构建 100 多张图谱）打开了基因组系统测序的通道。

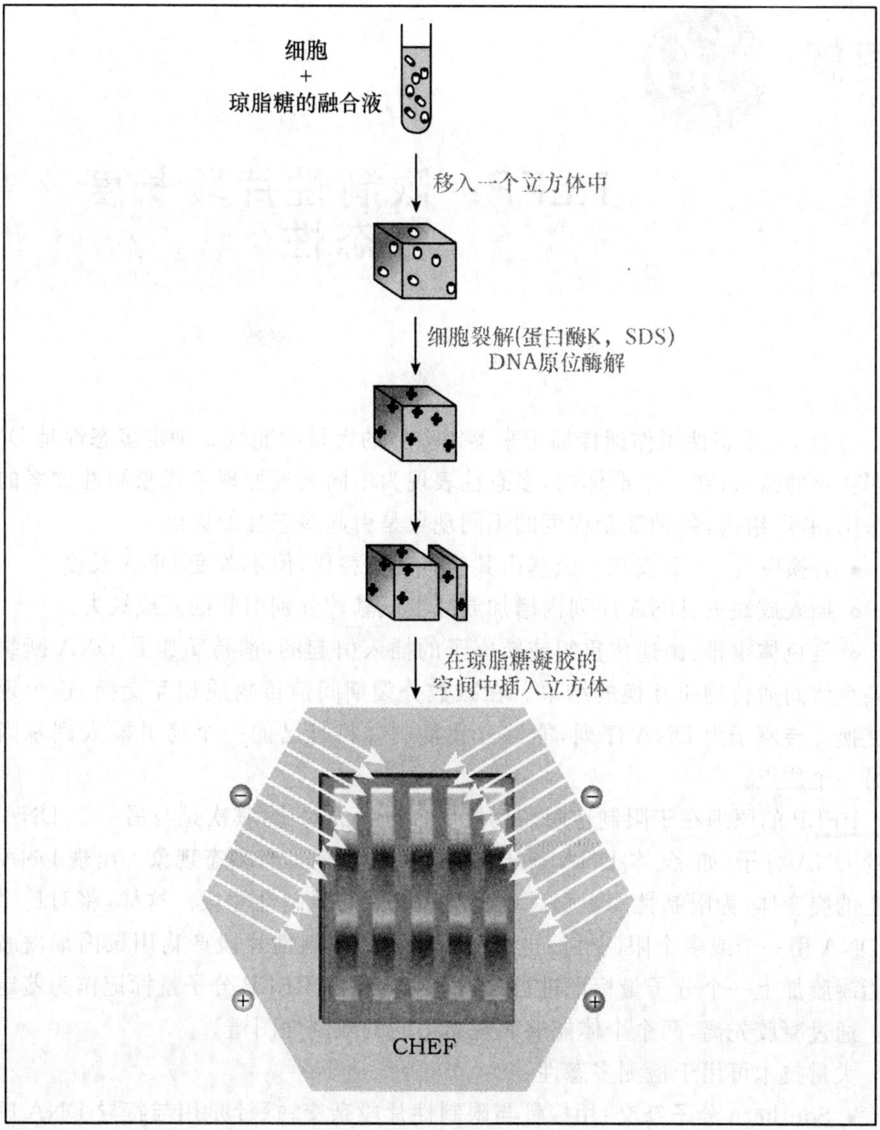

PIERRE LEBLOND

图解 50

RLFP：限制性片段长度多态性

将 DNA 多态性用作遗传标记来鉴定个体的大量功能域。确定多态性是 DNA 序列变化的结果；在一个群体内，多态性表现为不同表现型现象或限制性方案的修饰作用，基因组内，各种复杂程度的不同现象是引起多态性的原因。

- 替换突变：一个或几个碱基由其他碱基所替代，但不改变 DNA 长度。
- 插入或缺失：DNA 序列内增加或减少碱基数分别引起插入或缺失。
- 染色体重排：由遗传重组或转座子的插入引起的，遗传重组是 DNA 断裂随后染色体间遗传物质互换的结果。在减数分裂期间遗传物质相互交换，这个现象叫交换。转座子为 DNA 序列，能够自我复制并将自己的一个拷贝插入到基因组的另一个位点。

RFLP 的原理在于限制性酶酶切接后各方案的对比，其次是与另一个 DNA 相关的 DNA 分子(如，父本 DNA 与子代 DNA)的序列具有多态现象。出现 DNA 序列上的突变体，为限制性酶识别后产生不同长度的限制性片段。这样，将对比个体的 DNA 用一个或多个限制性酶进行酶。获得的限制性片段产物用聚丙烯酰胺或琼脂凝胶加上一个分子量标记进行分离。可观察的 RFLP 分子量标记作为鉴定标准。通过凝胶先离，两个个体能够表现出不同的限制性图谱。

大量技术可用于检测多态性：

- Southern 分子杂交：用探针与限制性片段杂交；探针是用与特异 DNA 序列互补的 DNA 标记片段构建的(见图解 12)。
- PCR：扩增了 DNA 的一段特定区域，获得大量的 DNA 片段，通过琼脂凝胶电泳以及溴化乙锭(EB)染色(见图解 24)后，该区域的限制性片段能够用肉眼观察。
- RAPD：随机扩增片段，琼脂凝胶电泳及溴化锭染色(见图解 51)后进行检测。
- 利用特异重复序列的任何其他 PCR 技术(转座子，微卫星：见图解 49 至图解 57)。

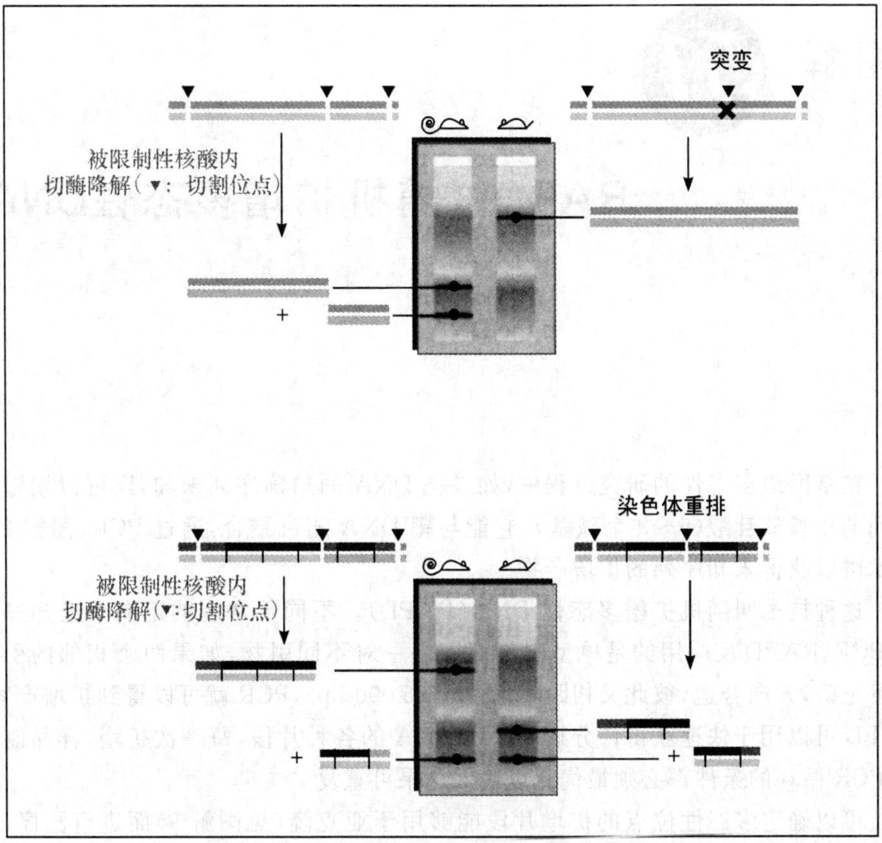

DENIS TAGU

图解 51

RAPD：随机扩增多态性DNA

在基因组多态性的研究过程中，如果靶 DNA 的精确序列未知，则可以用随机序列的小寡核苷酸(6～9 个碱基)，它能与靶 DNA 随机结合，通过 PCR(图解 24)技术可以获得未知序列的扩增产物。

这种技术叫随机扩增多态性 DNA(RAPD)。不同于常规的定向于已知序列的 PCR，RAPD 反应用的是单型引物而不是一对不同引物，如果两个相邻的引物位置正确，方向合适，彼此又相距不远(小于 5 000 bp)，PCR 就可以得到扩增产物。RAPD 可以用于快速获得待分析基因组 DNA 的各种片段，每一次扩增，样品制剂及 PCR 循环的条件都必须最优化以确保结果可重复。

可以确定多态性位点的扩增片段能够用于亚克隆(见图解 9)而进行测序，在这个序列上，能够重新设计一对引物，这对引物对样品的特异结合具有更大的可能性。这个序列就是用于定性扩增区域的序列，也被称为 SCAR。

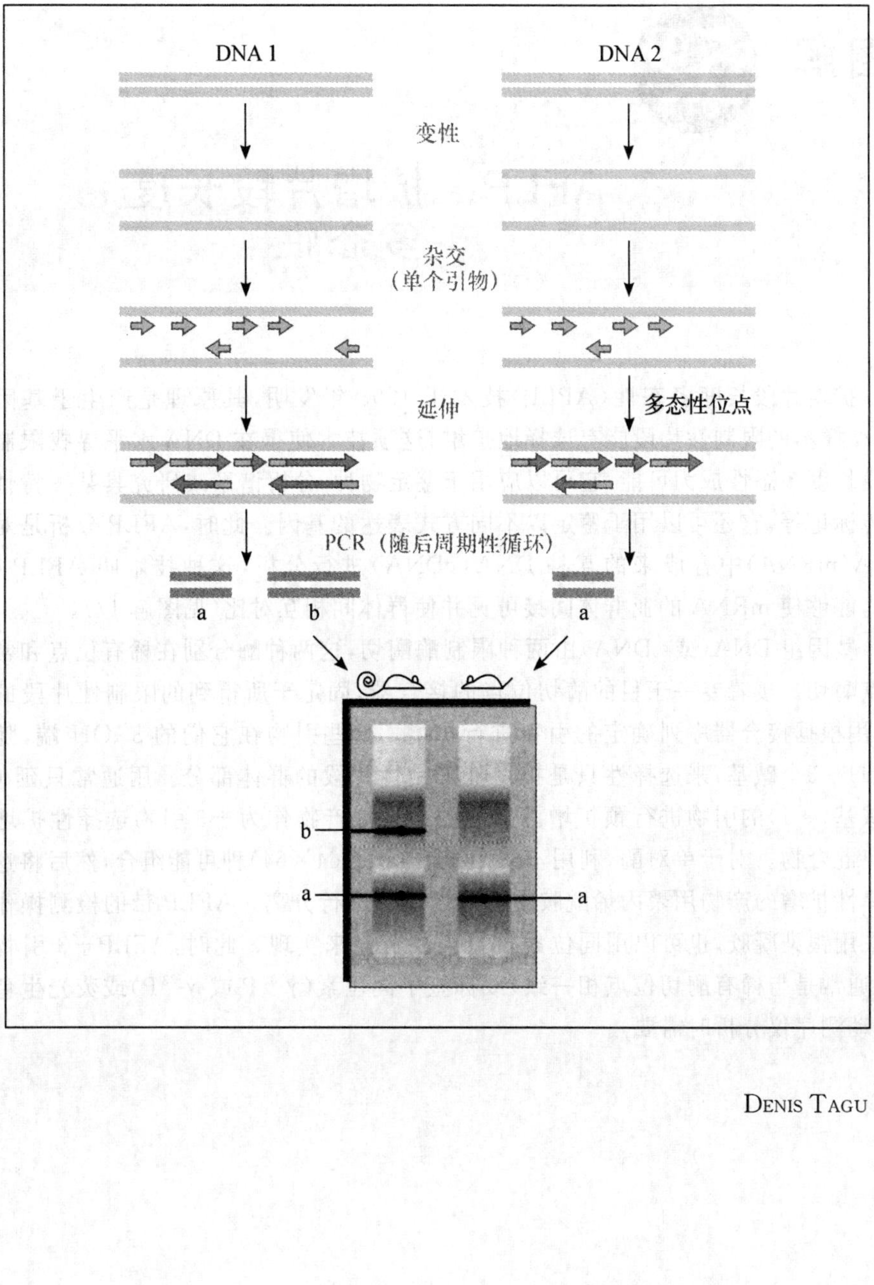

DENIS TAGU

图解 52

AFLP：扩增片段长度多态性

扩增片段长度多态性（APLP）技术于 1993 年发明，其原理是产生于基因组 DNA 样本的限制性片段能有选择地扩增，这项技术使得在 DNA 水平寻找限制性片段长度多态性成为可能，它可以应用于鉴定物种、分析谱系或研究具某一特性的遗传标记等，它还可以用于鉴定以不同方式表达的基因。此时，AFLP 分析是对从 RNA（mRNA）中合成来的互补 DNA（cDNA）进行分析，这种技术叫 AFLP-cDNA，能够使 mRNA 的亚群体间接可见并使群体间相互对比（见图解 17）。

基因组 DNA（或 cDNA）由两种限制酶酶切，这两种酶分别在稀有位点和常见位点酶切。接着专一于目的酶切位点的接合器，固定于所得到的限制性片段的末端，用根据接合器序列确定的引物进行扩增。这些引物在它们的 3′-OH 端，随机延伸1～3个碱基，来选择性只是扩增唯限制性片段的群体部分。用通常只延伸 1 个碱基（＋1）的引物进行预扩增。获得的预扩增产物作为＋3 引物选择性扩增的反应混合物。对于单对酶，利用＋3 引物有 4 096（64×64）种可能组合，然后将这些选择性扩增的产物用聚丙烯酰胺凝胶变性条件进行分离。AFLP 带的检测操作可以采用银染凝胶，也可以用同位素自显影或荧光来实现。此时，AFLP＋3 引物之一（通常是与稀有酶切位点相一致）或标签了同位素（γ-^{32}P 或 γ-^{33}P）或荧光生色团（自动测序仪分析时需要）。

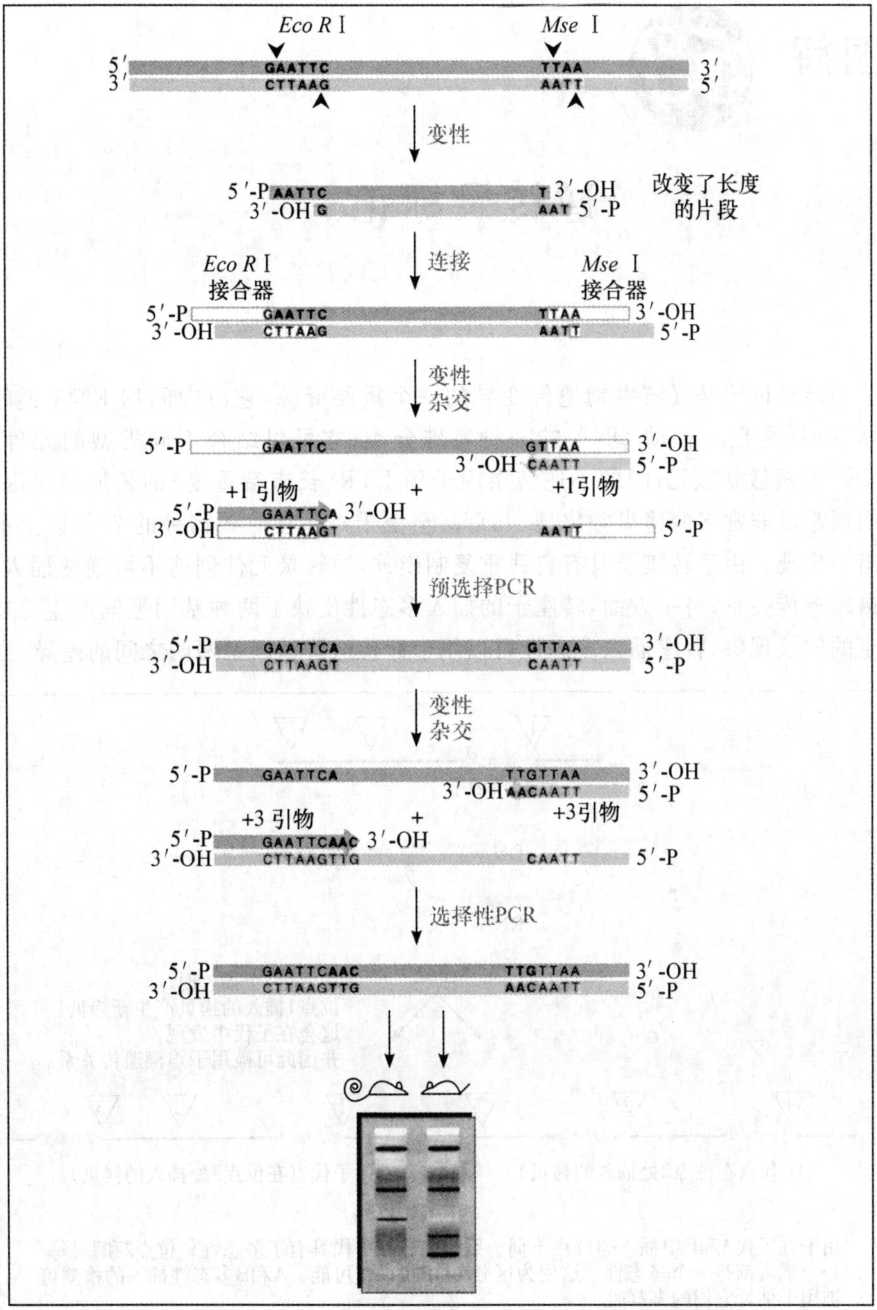

JEAN-CHARLES LEPLÉ AND

PIERRE SOURDILLE

图解 53

逆转录标记

逆转录标记是真核生物遗传变异的一个重要资源，它由中间物 RNA 逆转录扩增获得，是重复移动 DNA 的一种特殊分类；它可以结合不同类型的元件：从 SINE 型(短散状核元件)的小逆转录因子到 LTR(长末端重复)的长逆转录因子。它们通常以非常多的拷贝数出现(几百甚至上千)，并在一些物种的 70%以上的基因组中出现。由于转座子具有自我重复制模式，逆转录元件创造不可逆的插入，用于追踪遗传关系；另一方面，转座子的插入多态性反映了两种基因型间产生分支所发生的转录现象，转座插入多态性可以用于评价这些基因型两两之间的差异。

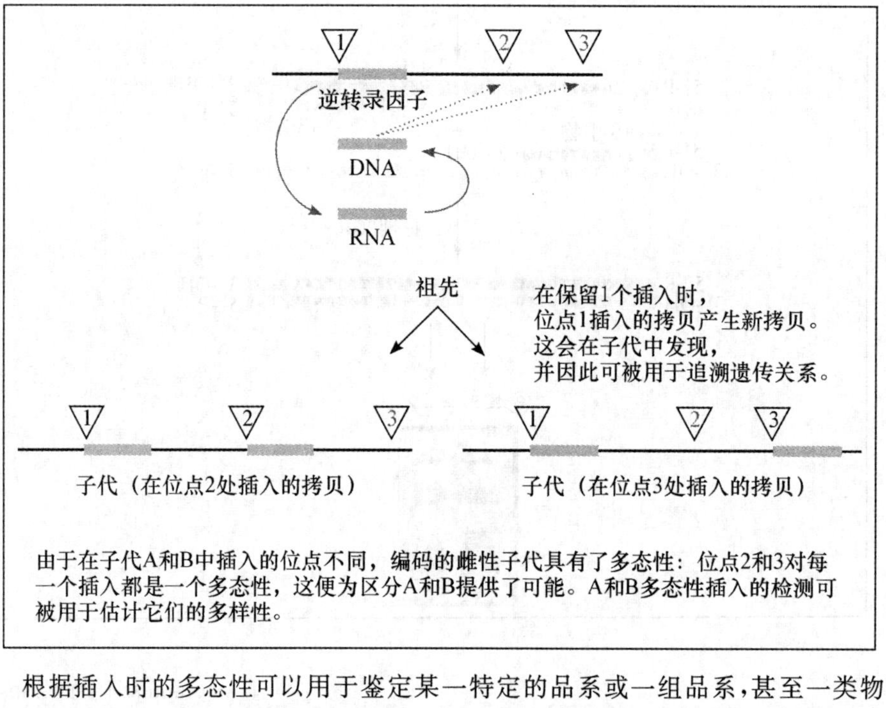

根据插入时的多态性可以用于鉴定某一特定的品系或一组品系，甚至一类物种或物种群类。而且单向元件(一种先前为“空”此时为“满”的状态，理论上通过切割恢复原始状态(返祖)是不可能的)相应的逆转录元件的插入所产生的多态性成为分子系统的有用工具，在动物系统中已得到广泛应用，近期也在植物中广泛应用。

实用策略

多重策略

多重策略是建立在PCR的应用,以及每个样品扩增产生多个带的基础上的。它们能够检测某一特定元件的所有(或至少大部分)插入位点。最常使用的技术是序列特异扩增多态性(SSAP),又叫转座子展示(TV)。SSAP衍生于AFLP(见图解52),但除了在"接合器"引物,SSAP还用的是一对与逆转录元件的末端序列相对应的标签引物(同位素、荧光),使只有从逆转录元件开始的DNA片段能够被观察到。实验最基本的是基因组DNA的抽提以及由限制性酶对该基因组DNA的酶系统消化,接着用互补于接合器的引物以及互补于逆转录元件一端的引物进行PCR扩增。这就需要该研究特种的转录逆元件的性质及序列都已知,将扩增获得的DNA片段进行分析,如用高分辨率的聚丙烯酰胺凝胶电泳分析,检测扩增片段的一系列多态性。

SSAP可用于确定目的基因型中代表了逆转录元件状态的图谱,并通过特定SSAP片段的有无,来检测插入的多态性,因而成为评价生物多样性,建立系统发育的工具。在许多情况下,相对于常规分子标记,SSAP能提供更多的信息。

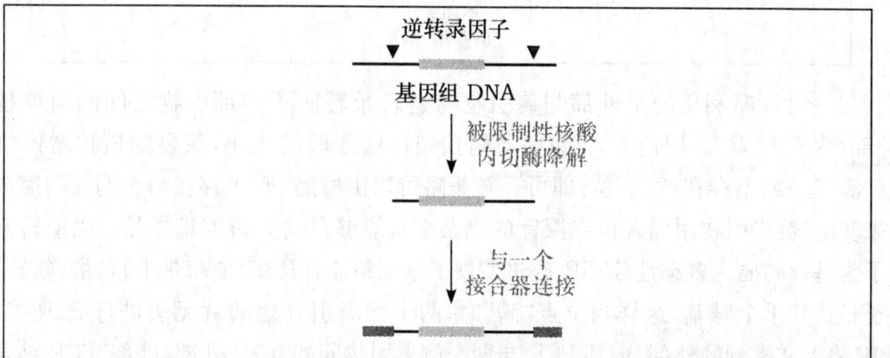

其他的多重策略,例如逆转录转座子间的扩增多态性(IRAP)或逆转录转座子微卫星扩增多态性(REMAP),分别是以逆转录元件之间的直接PCR,及逆转座元件与微卫星之间的直接PCR为基础的。它们要比SSAP技术易于操作,但预测能产生相当大量的逆转录元件拷贝数(在大麦的Bar-1转座子中有成千上万的拷

贝数)，正是基于大麦的 Bar-1 转座子研究发展了这些技术。

“单位点”策略

单位点策略的基本原则是通过一个特定位点的两种“有”或“无”的可变状态的 PCR 扩增，进行快速检测。它们最先用于动物系统，最近更常在植物上使用；用的是小逆转录转座子，比如 SINES，其“有”或“无”的状态是通过插入位点侧翼两引物的 PCR 产物的大小不同来分辨、掌握。应用单位点策略前，需事先清楚多态性插入位点侧翼基因组区域的序列。可以通过凝胶中提取得的多态性 SSAP 片段的简单测序获得一些数据，因为它们包含了逆转录元件一边的侧翼序列，接着元件另一边的侧翼序列可以通过各种策略来鉴定，例如将 SSAP 锚定在已知的侧翼区域，由此识别表现为“空”位点状态的基因型。

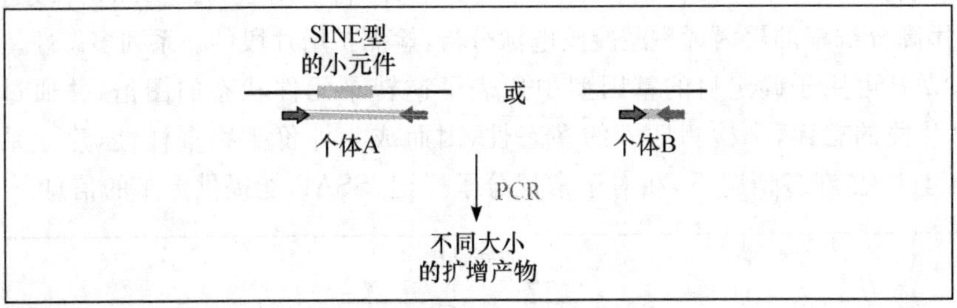

另一种策略利用的是外部侧翼引物与逆转录转座子内部引物之间的简单技术(外部/内部 PCR)。理论上，该策略不需预知扩增片段的大小，只要知道扩增产物存在(“满”位)或不存在(“空”位)即可。该策略可以由检测 DNA 存在与否的任何简单技术来实施(荧光引物用插入位点探针的点杂交)，能够自动分析大量样品。以逆转录转座子为基础的插入多态性(RBIP)改进发展了这项策略。RBIP 要求带 LTR 的逆转录转座子长达几千个碱基，这样当位点“满”时，两个侧翼引物之间就无法进行 PCR 扩增。RBIP 将上文提到的外部/内部 PCR 与两个侧翼引物间的互补“外部/外部”PCR 结合起来。如果位点是“满”的，只有外部/内部 PCR 能够产生扩增产物；如果位点是“空”的，只有那对外部引物能够产生扩增产物。每个 PCR 相互控制另一个 PCR，能够检测是否插入是没有固定在一个群体的情况，尤其可以避免假阳性或假阴性的情况。

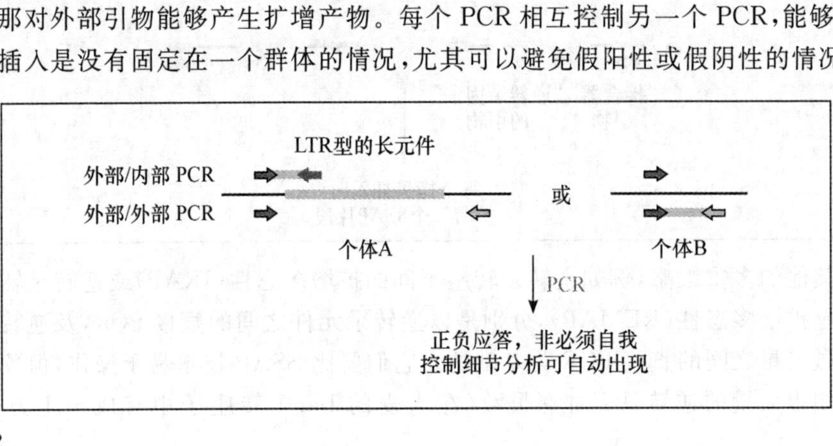

只要反应所需的预备条件满足，而且有各类，引物类型库，RBIP 将是一个快速高效的工具，可以用于遗传资源库的组织化分类或变异类型保护或质量控制。

逆转录标记适用于所有物种

最初是用已知序列的元件做逆转录标记的。不管怎样，它们适用于任何基因组，至少那些涉及携带 LTR 逆转录转座子的基因组，后者在它们的编码序列中携带了极端保守的蛋白质基元。对应于这些基元的引物被降解后理论上可以"恢复"任何基因组的逆转录转座子的序列。

MARIE-ANGÈLE GRANDBASTIEN

图解 54

SSCP：单链构象多态性

单链构象多态性技术建立在非变性聚丙烯酰胺中，单链 DNA 片段的电泳行为基础上。现实中，单链核苷酸分子根据各分子的碱基配对原则形成二级结构，这些二级结构依 DNA 链的合适序列使每种类型的单链分子产生特定的构象。因此，根据各自的单链形式构象可以区分两个非常相似的 DNA 序列。该法也可区分单基因的两个等位基因，例如用于检测个体内某一突变的等位基因(可能引起遗传混乱的突变基因)。这种技术简单，但有两个主要缺陷：单链分子的电泳行为无法预测，因为它紧密依赖于电泳的温度与环境；另外，大片段(＞200 bp)的所有突变体难以检测(该法重点用于检测微插入或微缺失型变异的序列)。

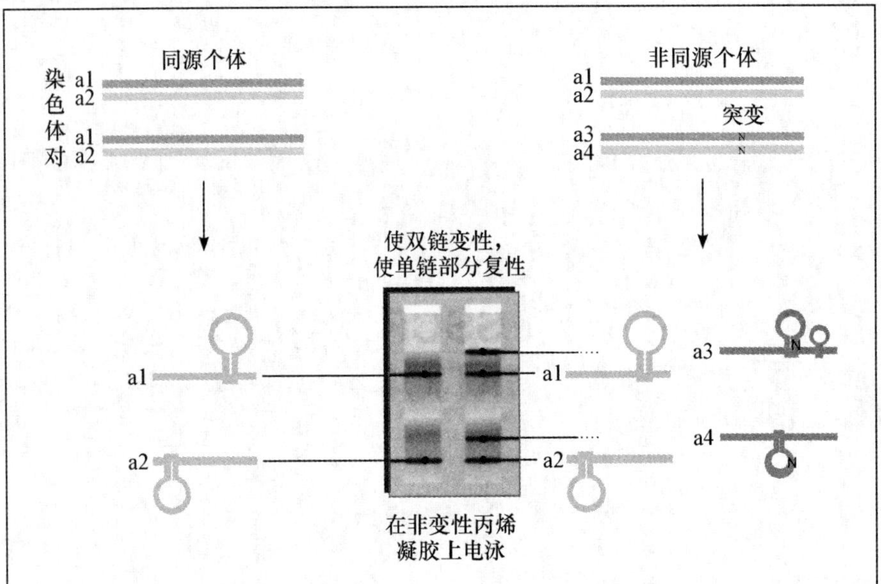

实际操作中，根据目标序列进行 PCR 扩增，由此获得双链产物在 94℃热变性，然后置冰中迅速冷却：单链分子间未能相互变性而在分子内的互补序列区域配对

形成稳定的二级结构。然后,电泳将扩增后的这些分子内配对片段分离。在纯合个体中,电泳结果通常可以看到两种片段,因为两个互补的单链 DNA 分子其二级结构略有差异,杂合个体通常可观察到四种片段。某些时候,因一条单链具多个单稳定的构象,使得凝胶出现更多种的片段。

CHRISTOPHE PLOMION

图解 55

DGGE：变性凝胶梯度电泳

变性凝胶梯度电泳(DGGE)可以用于检测多态性或 DNA 的相当精细的突变，甚至是 DNA 片段内单碱基对的替换突变。它可以在几百个碱基对的片段中应用，而无需事先知道多态性位点。该方法同样是以 DNA 不同链的复性性质为基础，但不同的 SSCP(见图解 54)，DGGE 的 DNA 变性是在电泳期间而非之前发生。为此，要将扩增产物沉积在凝胶中，缓扩增凝胶包含逐级增大浓度的 DNA 变性化学试剂(DGGE 中用脲甲酰胺)或是电泳过程中逐步升高的温度[①](温度凝胶梯度电泳或叫 TGGE)。电泳过程中先以双链状态迁移，然后改变条件使 DNA 双链在低解链温度下，变性分子的最不稳定部分形成一个部分单链结构，叫做“树杈”或“分枝”，这种部分变性引起 DNA 电泳迁移率的下降(片段几乎停止迁移)，其在凝胶中的迁移位置，由最低限稳定电场或后面的核苷酸序列的解链温度决定。估计该最低限稳定融合电场中大约有 95%的序列突变，甚至是总突变，可以根据电泳迁移的不同而得到检测。

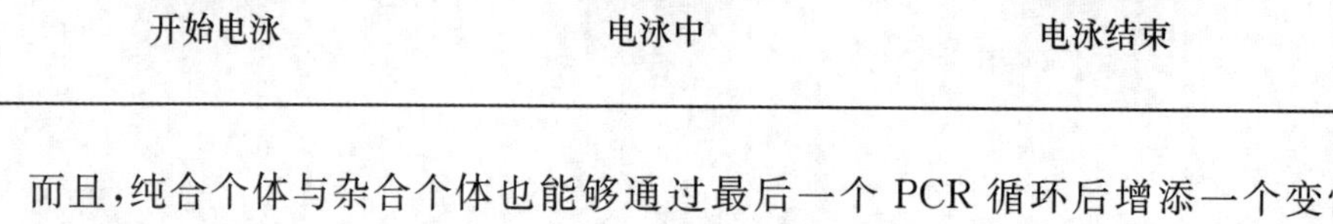

而且，纯合个体与杂合个体也能够通过最后一个 PCR 循环后增添一个变性/复性步骤来区别：根据多个等位基因之间的重新组合可以形成同质双键(两条完全互补的 DNA 链)和异质双链(两条部分互补的 DNA 链)。异质双链中错配的发生

---

①由经验公式可以将变性试剂梯度转换成温度梯度；7(℃)=(%变性剂+182.4)/3.2，此外 100%的变性剂相当于 45%浓度的甲酰胺及 7 mol/L 脲。

将引起凝胶中极难迁移的高度阻滞片段(杂交快速变性)。

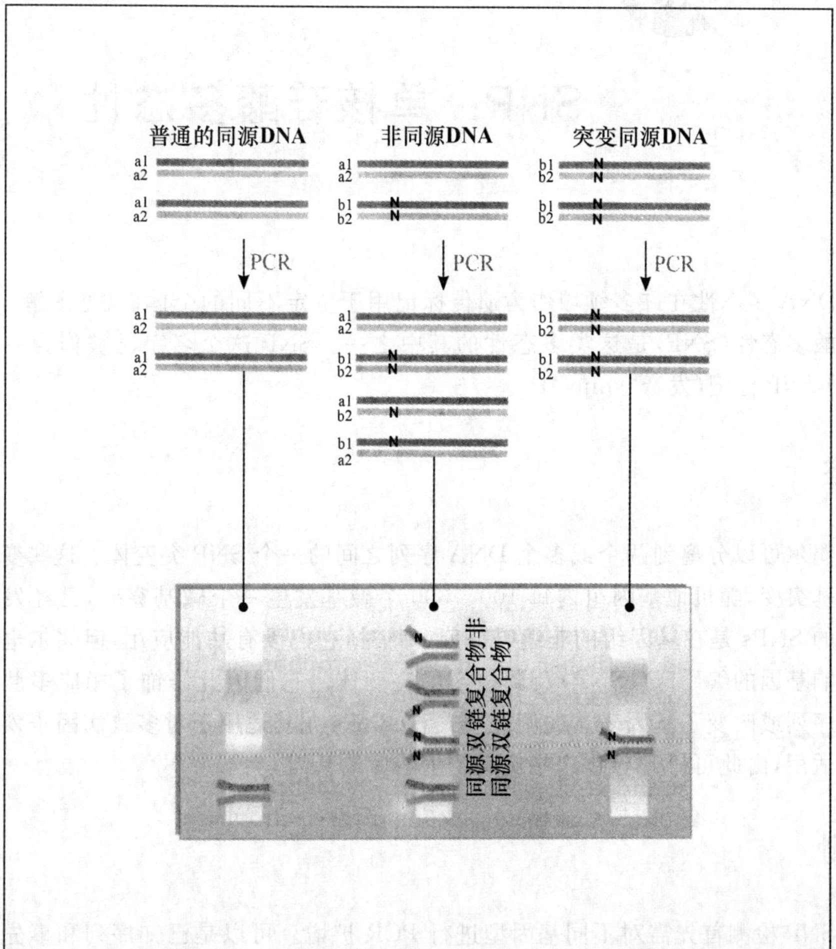

CHRISTOPHE PLOMION

图解 56

SNP：单核苷酸多态性

DNA 多态性在许多领域作为遗传标记用于鉴定不同的个体。(见图解 47)单核苷酸多态性(SNP)是这类多态性的其中之一。SNP 这个名字已被作为一个标记，即 SNP 标记(发音“snips”)

描述

偶尔可以分离到两个或多个 DNA 序列之间的一个 SNP 突变体。这些变异是单碱基突变，随机地基因组内每 100～300 个碱基发生一个碱基突变，已经发现大部分的 SNPs 是在基因组的非编码部分。此时，它们没有功能应用，但偶尔也有一些影响基因的编码区(cSNP)及调控区的突变体。它们因此修饰了相应多肽的氨基酸序列或改变了基因表达的调控模式。cSNPs 尤其适用于对多致病因子疾病的作图适用，由此可研究导致这些疾病产生的后选基因。

检测

SNP 检测首先需对不同基因型进行 PCR 扩增。可以是已知序列和事先鉴定的 PCR 片段的，也可以是随机的 PCR(AFLP)片段。接着对不同的扩增产物进行测序。SNP 技术对 PCR 产物测序的耗费很大，测序鉴定后，对获得的各不同序列进行比对，随后便鉴定序列多态性位点，尤其是替换多态性。这样便鉴定了不同的单倍型(来源于 SNP 的不同组合)。

应用

如同所有的遗传标记，SNP 可以以各种方式应用，SNPs 非常精确，可以在很多领域进行高度精度地分析，如疾病相关或疾病差异的研究。SNPs 的有效性主要是因为它确实地存在于整个基因组中，即在外显子中存在也在内显子中存在，而且一种物种的每一个体将有数千个 SNPs，偶发性变异共同造就每一个体成为一个唯一的“人”。因此，SNP 检测技术可以发现引起许多疾病的易感基因（如人类糖尿病、动脉高血压或类风湿关节炎）。

然而，SNP 的应用需要考虑花费与产出比较的问题。一些新方法比如质谱代或荧光可能会成为性价比更高的基因型分析方法。

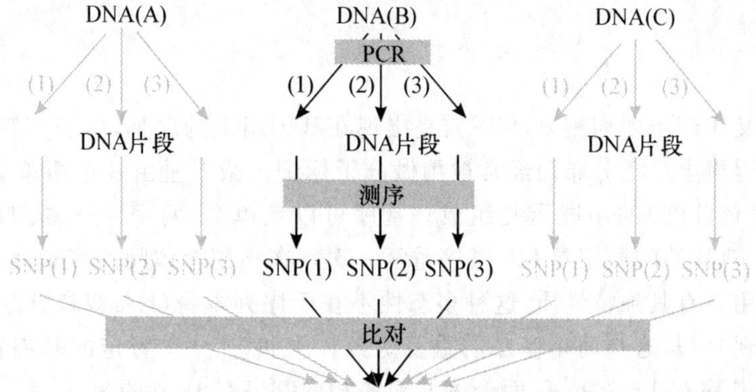

	SNP(1)	SNP(2)	SNP(3)
单倍性(A)	T	C	A
单倍性(B)	C	C	A
单倍性(C)	C	C	G

(A,B和C为不同的基因组)

MANUELLA SAMSON

图解 57

简单序列重复（SSR）：微卫星

微卫星又叫简单序列重复(SSR)，是出现在基因组上的序列，由于其简单又在真核生物基因组上广泛分布而经常被用做分子标记。微卫星由一个简单 DNA 基序(很少几个核苷酸)的串联重复组成。基序可以是单个、两个、三个或四个核苷酸，例如一个双核苷酸微卫星 CA 基序重复 *n* 次。在不同个体间的多态性研究中，微卫星的应用具有其独特性质，这种多态性不在于序列本身(CA 双核苷酸在整个基因组中出现)而是这些简单基序的重复次数。例如，在一个特定的基因座上，个体 A 的 CA 基序有 15 个重复，而个体 B 对该相同基序有 18 次重复。

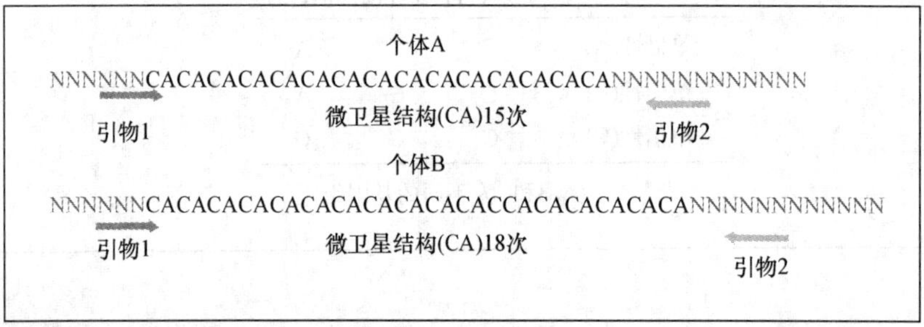

为了确定某一特定基因座上的基序重复数，必须由 PCR 特异扩增该基序(来自个体 A 与 B 的基因组 DNA)，这就需要事先知道该重复基序的侧翼序列，以便根据该微小卫星基序侧翼序列设计引物。而且，由于扩增所产生的片段其长度只有几个碱基，因此，需要用高分辨率的凝胶电泳来分离。这样，由一对 PCR 引物扩增得到基因组中含一个重复基序的简单区域由此便确定了微卫星的基因座。

应用

微卫星作为分子标记有三个必要的基本步骤：微卫星的分离与鉴定、专一引物的设计以及搜寻个体间多态性的长度研究。

分离微卫星的常规步骤有：

(1)创建一个短基因组 DNA 片段文库；

(2)通过杂交筛选文库；

(3)阳性克隆的测序。

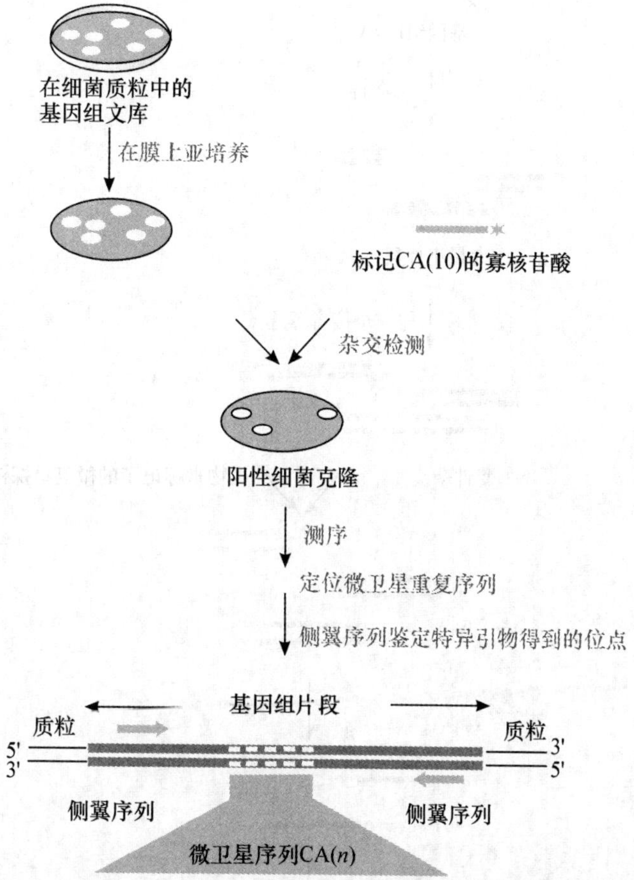

有两种变异:

• 创建一个富含微卫星基序的文库,可以省去筛选文库的步骤。有几个富集化的方法,但它们的基本原理是相同的。将基因组 DNA 限制性酶切剪切后两端再分别连上接合器。然后,将此片段变性并用序列与目的微卫星基序互补的寡核苷酸探针杂交,该探针生物素化或固定于一个支持柱上,这样便能够获得杂交了微卫星探针的基因组 DNA 片段,再将这些纯化的复合体脱杂交并进行 PCR 扩增;PCR 引物是与连接于基因组 DNA 片段末端的接合器互补。

• 研究基因组基本数据库或 EST 中的微卫星。

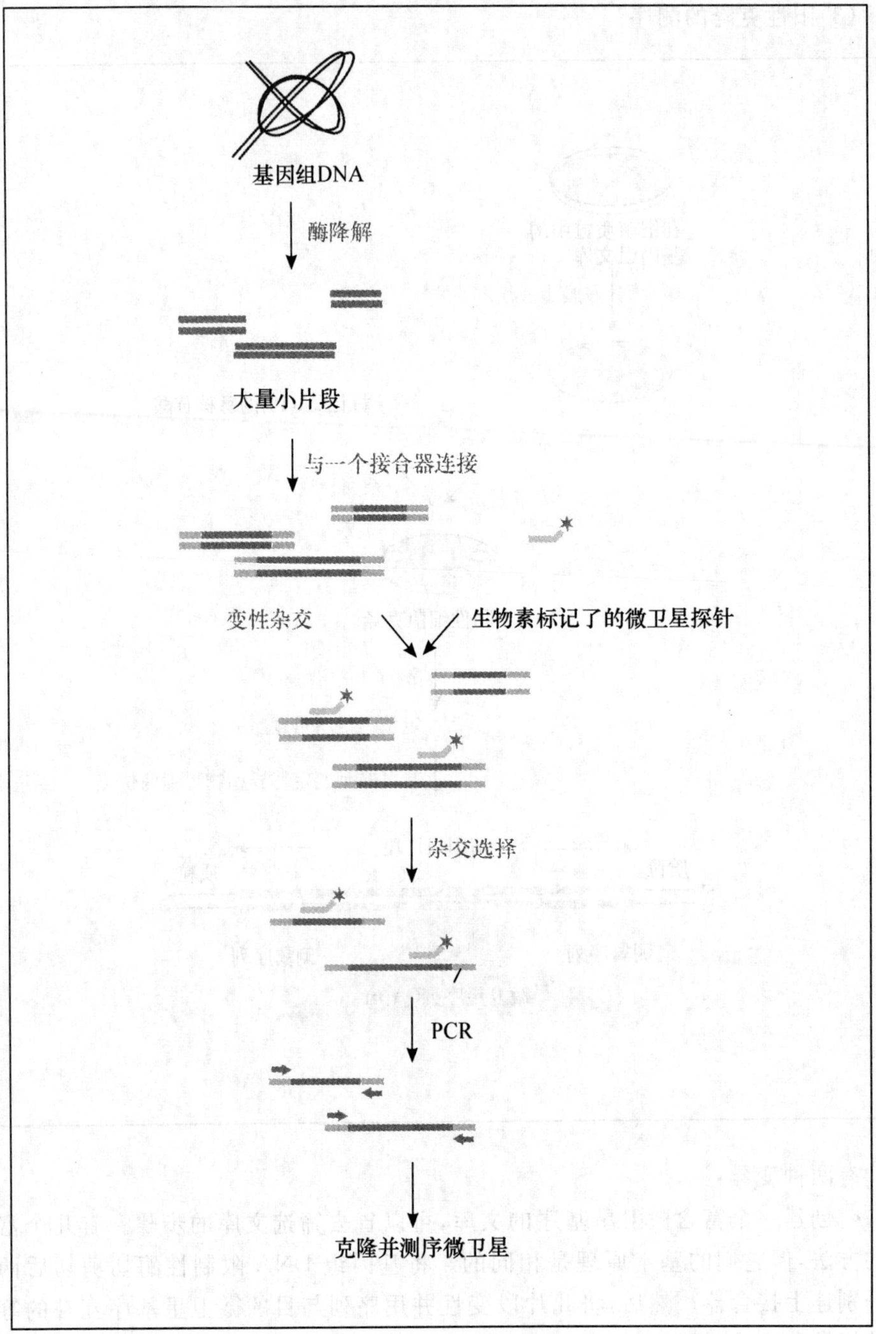

引物设计

设计引物有两种途径：

(1)直接根据得到的克隆的序列设计引物；

(2)根据相近物种间接设计。

引物设计后要进行扩增分析以确证微卫星的一些特性(存在无意等位基因、多态性的水平)。

多态性检测

不同个体的基因组 DNA，在 PCR 扩增以后，扩增产物要进行凝胶分离，该凝胶电泳的分辨率是根据目的片段的不同大小设计的。高分辨率琼脂凝胶分离三核苷酸与四核苷酸基序；双核苷酸基序的数目很大，通常用变性聚丙烯酰胺凝胶分离。通常选择能够扩增 80～200 bp 片段的 PCR 引物，这样片段的分离进能够得到较清晰的效果，自动测序仪分析可以选择大小达 400 bp 的片段。可以通过单管内结合多个基因座减少 PCR 反应的循环次数，但扩增产物的大小差异必须明显，也可以通过不同荧光染料标记相似大小的产物实现，有时多复合体扩增不易进行，可以在 PCR 反应后将各产物混合。

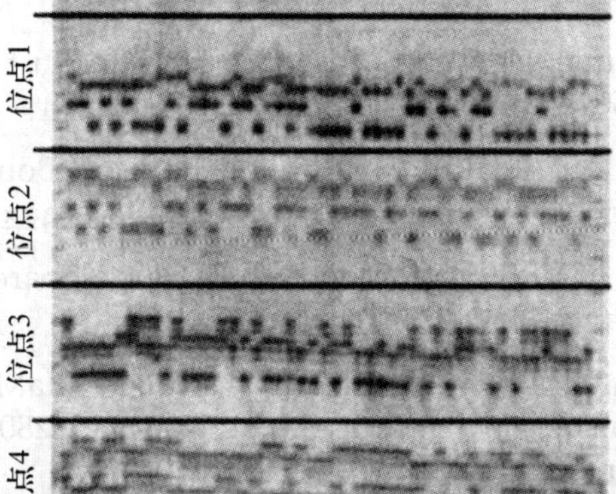

变性聚丙烯酰胺凝胶上4个微卫星基因位点的电泳。凝胶银染显示由4个微卫星基因位点的分离情况。这些基因位点是根据种间杂交紫叶葡萄×河岸葡萄扩增得到的。每个基因位点独立扩增并分别以5 min间隔进行持续凝胶电泳。

Stéphane Decroocq

作者列表

Barloy-Hubler Frédérique, Génétique et Développement, UMR 6061, Faculté de Médecine, 2 avenue du Professeur Léon Bernard, 35043 Rennes, France, frederique.hubler@univ-rennes1.fr

Béclin Christophe, IMVT, IBDM, Campus de Luminy, Case 907, 13288 Marseille cedex 09, France, beclin@ibdm.univ-mrs.fr

Cérutti Martine, CNRS, Station de Pathologie Comparée, 30380 Saint-Christol-lès-Alès, France, cerutti@ales.inra.fr

Chalot Michel, Univ. H. Poincaré, Nancy I, Faculté des Sciences et Techniques, IFR 110 Génomique, Ecophysiologie et Ecologie Fonctionnelles, UMR 1136 INRA/Université Nancy I, Interaction Arbres Microorganismes, BP 54506, 54506 Vandoeuvre cedex, France, Michel.Chalot@scbiol.uhp-nancy.fr

Damier Laurence, Unité des Agents Antibactériens, Institut Pasteur, 25 rue du Docteur Roux, 75015 Paris, France, ldamier@Pasteur.fr

Decroocq Stéphane, INRA, UREFV, 71 avenue Edouard-Bourleaux, B.P. 81, 33883 Villenave d'Ornon cedex, France, sdecrooc@Bordeaux.inra.fr

Devauchelle Gérard, CNRS, Station de Pathologie Comparée, 30380 Saint-Christol-lès-Alès, France, devauche@ales.inra.fr

Duplessis Sébastion, UMR 1136 INRA/UHP-Nancy 1 IaM, "Interactions Arbres/Micro-organismes", Centre INRA de Nancy, 54280 Champenoux, France, duplessi@nancy.inra.fr

Frigerio Jean-Marc, INRA, UMR BIOGECO, Site de Recherches Forêt Bois de Pierroton, 69 route d'Arcachon, 33612 Cestas Cedex, France, Frigerio@pierroton.inra.fr

Garcia Virginie, UMR Physiologie et Biotechnologie Végétales, IBVI, INRA Bordeaux, 71 avenue Edouard Bourleaux, 33883 Villenave d'Ornon, France, virginie.garcia@bordeaux.inra.fr

Giblot Danièle, INRA Rennes, UMR INRA/AGROCAMPUS BiO3P, BP 35327, 35653 Le Rheu cedex, France, Daniel.giblot@rennes.inra.fr

Grandbastien Marie-Angèle, INRA, Biologie Cellulaire, Route de Saint-Cyr, 78026 Versailles cedex, France, marie-angele.grandbastien@versailles.inra.fr

Grenier Eric, INRA Rennes, UMR INRA/AGROCAMPUS BiO3p, BP 35327, 35653 Le Rheu cedex, France, eric.grenier@rennes.inra.fr

Hilbert Jean-Louis, UPRES-EA 3569, Physiologie de la Différenciation Végétale, ERT 1016, IFR 118, USTL, 59655 Villeneuve d'Ascq, France, jean-louis.hilbert@unvi-lille1.fr

Houdebine Jean-Marie, UMR INRA/ENV Alfort/CNRS Biologie du Développement et Reproduction, INRA Domaine de Vilvert, 78352 Jouy-en-Josas cedex, France, Louis.Houdebine@jouy.inra.fr

Hugot Karine, UMR INRA/CEA Radiologie et Etude du Génome, INRA Domaine de Vilvert, 78352 Jouy-en-Josas cedex, France, karine.hugot@jouy.inra.fr

Jacquot Jean-Pierre, Univ. H. Poincaré, Nancy I, Faculté des Sciences et Techniques, UMR 1136 INRA/Université Nancy I, Interaction Arbres Microorganismes, BP 54506, 54506 Vandoeuvre cedex, France, jean-pierre.jacquot@scbiol.uhp-nancy.fr

Leblond Pierre, UMR INRA 1128 Génétique et Microbilogie, Univ. H. Poincaré, Nancy I, Faculté des Sciences et Techniques, BP 54506, 54506 Vandoeuvre cedex, France, pierre.leblond@scbiol.uhp-nancy.fr

Leplé Jean-Charles, INRA Orléans, Amélioration Génétique et Physiologie Forestière, BP20619 Ardon, 45166 Olivet cedex, France, leple@Orleans.inra.fr

Massonneau Agnès, RNA works, Cap Alpha, Avenue de l'Europe, 34940 Montpellier cedex 09, France, a.massonneau@rnaworks.net

Méreau Agnès, UMR 6061 Génétique et Développement, Faculté de Médecine, 2 avenue du Professeur Léon Bernard, 35043 Rennes, France, agnes.mereau@univ-rennes1.fr

Françoise Monéger, Reproduction et Développement des Plantes, ENS Lyon, IFR 128, 46 Allée d'Italie, 69364 LYON Cedex 07, France, Francoise.Moneger@ens-lyon.fr

Moussard Christian, Service de Biochimie Médicale, Faculté de Médecine, Place Saint-Jacques, 25000 Besançon, France, christian.moussard@ufc-chu.univ-fcomte.fr

Pilate Gilles, INRA Orléans, Amélioration Génétique et Physiologie Forestière, BP20619 Ardon, 45166 Olivet cedex, France, pilate@Orleans.inra.fr

Plomion Christophe, INRA, UMR BIOGECO, Equipe de Génétique, Site de Recherches Forêt Bois de Pierroton, 69 route d'Arcachon, 33612 CESTAS Cedex, France, christophe.plomion@pierroton.inra.fr

Samson Manuella, 5 rue de l'Yser, 92210 Saint-Cloud, France, manuella.samson@edfgdf.fr

Sourdille Jean-Pierre, UMR INRA-Université Clermont II, Amélioration et Santé des Plantes, site de Crouël, 234 avenue du Brézet, 63100 Clermont-Ferrand cedex 2, France, pierre.sourdille@clermont.inra.fr

Tagu Denis, INRA Rennes, UMR INRA/AGROCAMPUS BiO3P, BP 35327, 35653 Le Rheu cedex, France, denis.tagu@rennes.inra.fr